Excel

必修课

沈君 _ 著

U0345044

Excel 表格制作与数据分析

人民邮电出版社

北 京

图书在版编目（CIP）数据

Excel必修课：Excel表格制作与数据分析 / 沈君著
. -- 北京：人民邮电出版社，2021.2
ISBN 978-7-115-54680-7

Ⅰ．①E… Ⅱ．①沈… Ⅲ．①表处理软件 Ⅳ.
①TP391.13

中国版本图书馆CIP数据核字(2020)第168471号

内 容 提 要

"把这些表格整理一下！"
数据已经在表格中了，到底要我怎么整理？
"分析一下这些数据！"
他究竟想要什么？
"做一下数据分析报告！提升一下表格专业度！让所有内容显示在一页！"
上司的种种要求，各种需求，你真的了解吗？
"我要成为Excel专家！"
有雄心壮志固然好，但真的有必要吗？
其实对于大部分工作来讲，你要做的只是成为一个"会使用Excel的人"。
本书是作者对自己多年企业培训经验的精心汇总，直击各行业日常表格制作及数据分析工作中的常见问题，并提出高效解决方案，帮助职场人士快速理清思路、高效操作、精准汇报，完成表格整理和数据分析重任，成为他人眼中那个"会使用Excel的人"！

◆ 著   沈 君
  责任编辑   马雪伶
  责任印制   马振武

◆ 人民邮电出版社出版发行   北京市丰台区成寿寺路11号
  邮编 100164   电子邮件 315@ptpress.com.cn
  网址 https://www.ptpress.com.cn
  临西县阅读时光印刷有限公司印刷

◆ 开本：700×1000 1/16
  印张：16
  字数：320 千字   2021年2月第1版
  印数：1-3 500 册   2021年2月河北第1次印刷

定价：79.00 元

读者服务热线：(010)81055410   印装质量热线：(010)81055316
反盗版热线：(010)81055315
广告经营许可证：京东市监广登字 20170147 号

在激烈的市场竞争下，企业的主营业务管理甚至日常办公管理必须逐渐精细和高效。Excel 作为一款简单易学、功能强大的数据处理软件，已经被广泛应用于各个岗位的日常办公中，如财务、行政、人事、市场、生产和营销等。它也是目前应用最广泛的数据处理软件之一。

用好 Excel 可以显著提高工作效率，缩短劳动时间，产出更大的价值。

意识到 Excel 的使用在工作中的重要性后，越来越多的人开始花费精力和时间去学习和使用 Excel，市场上也出现了大量讲解 Excel 软件操作的培训课程和书籍。在与千余名职场人士的交流中，我经常得到的反馈是："讲解 Excel 软件操作的书那么厚，里面的大部分内容我都用不到！"

因为拥有认知心理学背景，我深知大部分职场人士的想法是"用 Excel 来解决我的问题"，而不是"我想把 Excel 学好"。换句话说，多数职场人士不关心Excel 技术，他们只关心使用 Excel 能否解决工作中的问题。职场人士追求的应该是"学习'够用的'Excel，以解决工作问题"，而不是"把 Excel 学透"。如果只要把 Excel 学到 20% 就能够解决工作问题，那么很少有人会花更多时间去学会Excel 21% 的知识，毕竟工作中的事情还有很多。

同样，Excel 函数也只是解决工作问题的一个工具而已。你也许羡慕那些能够将 Excel 函数信手拈来的高手们，但感觉自己要成为像他们一样的高手需要熟记许多 Excel 函数，从而心生畏惧。但如果我告诉你，不需要背函数，本书就能让你快速使用 Excel 函数来解决问题，让 Excel 函数真正变成解决问题的工具，你是不是会很激动？

基于以上情况，我开始着手编写本书，目的是为了"真正解决职场人士的问题"，而不是"教软件操作"——毕竟 Excel 只是解决问题的一个工具而已。

如何能够让读者在看完这本书之后能够真正地将 Excel 用到自己的工作中呢？

我将多年的工作和培训经验用案例的形式进行演绎，使用尽量少的案例将所有的知识点串联起来，将工作中的问题完全分解。当看完这本书，理解了这些案例的时候，你已经在不知不觉中学会了所有的知识点，并能够将其运用到工作中了。

同时，本书配套的教学资源还包括书中案例的视频教程和案例素材文件，通过文字和视频两种方式来加速你的学习进程，从而让 Excel 成为你工作中的利器。

教学资源获取方式：扫描下方的二维码，添加小马老师微信，获取本书配套教学资源下载链接。

由于水平有限，书中难免有疏漏之处，敬请读者批评指正。本书责任编辑的联系邮箱：maxueling@ptpress.com.cn。读者交流 QQ 群：809610774。

目录 CONTENTS

第 1 章 这样的表格才专业

第**2**章 数据整理

第 **3** 章　快速上手数据分析

第**4**章 **不背函数也能玩转 Excel**

第**5**章 **实战五大常用函数**

第6章

化繁为简——利用 Excel 完成方案选择

第7章

数据分析报告应该这样写

第**8**章 这些细节让你更专业

第**9**章 **把枯燥的数据可视化地打印与传播**

第**10**章 **10 个工作好习惯**

附录 常用快捷键

第 **1** 章

这样的表格才专业

在阅读表格时，我们会先研究表格中包含了哪些数据，换句话说就是先理解表格结构。如果一个表格结构混乱，那么别人就需要花费大量的时间和精力去解读"这份表格在说什么"，从而产生一种"看到表格就头疼"的错觉。你在解读别人的表格时可能会有这样的困扰，别人在解读你的表格时，也可能会产生同样的困扰。

如何才能让 Excel 表格不令人头疼呢？那就需要让表格"一目了然"。一个一目了然的表格需要完成 3 个设置：修改布局、设计样式和提高文字可读性。

在职场中，常见的表格分为两种，一种是数据表，它的结构清晰，一行就是一条数据，一列就是这些数据的一个属性，这些数据往往都未经过计算；另一种是报表，通常包含的是经过计算的数据。

数据表

类目 姓名	身份证	联系方式	婚姻状态
李登峰	220101198308085485	131 0726	已婚
陆春华	500101196507206364	183 5208	未婚
施振宇	500101196507203446	132 0418	未婚
陈铭	210104198703268273X	131 1738	已婚
王驰磊	330801196112126497	186 6032	已婚
王心宇	310101196902057834	183 4226	已婚
张小川	411722197202132411	177 3155	未婚

报表

往年经费使用	单位	2017年	2018年	2019年
预算	元	120,000	147,000	189,000
上课次数	次	30	35	42
平均讲师费用	元	4,000	4,200	4,500
费用	元	120,000	140,000	180,000
增长率	%	/	17%	29%
上课次数	次	30	35	40
平均讲师费用	元	4,000	4,000	4,500
结余	元	0	7,000	9,000

本章会从零开始制作一个数据表和报表，通过对数据表和报表进行修改布局、设计样式和提高文字可读性等操作，让你完全掌握一个一目了然的表格该有哪些操作要点。

1.1 清晰的表格布局

一个一目了然的表格，首先要做到的就是表格布局要清晰。表格布局包括表格的位置、单元格的行高和列宽等内容。

新建一个 Excel 文档，并将工作表重命名为"数据表"，然后打开本书配套教学资源中的"案例.docx"文件，将第 1 张表格选中，并按"Ctrl+C"快捷键进行复制，然后在 Excel 表格中按"Ctrl+V"快捷键进行粘贴。

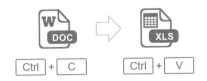

1.1.1 表格不要从 A1 单元格开始

在日常使用中，很多人习惯从左上角的 A1 单元格开始，而高手们则会从 B2
单元格开始。

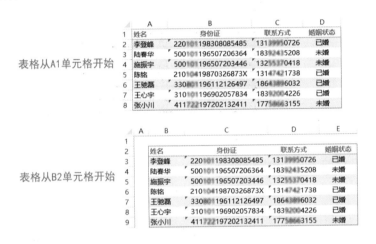

如果表格从 A1 单元格开始，会有如下两个问题。

① 看不到表格的上边框和左边框。这样会导致表格在打印时容易出现错误。

② 无法一目了然地确定当前表格是否到了边界。需要通过观察滚动条的位置才
能确定表格的上方和左边没有数据了。

而表格从 B2 单元格开始，则可以避免以上两个问题：表格所有的外边框都可
以看到，而且可以一目了然地确定当前表格的上方和左边没有数据了。

如何让表格由从 A1 单元格开始变为从 B2 单元格开始呢？在 A1 单元格上方插
入一行，左侧插入一列即可。在需要插入行的位置（行号"1"）上单击鼠标右键，
单击"插入"。在插入列的位置（列号"A"）上单击鼠标右键，单击"插入"。
也可以直接选中第 1 行，按"Ctrl+Shift+="快捷键；或选中第 1 列，按"Ctrl+Shift+="
快捷键。

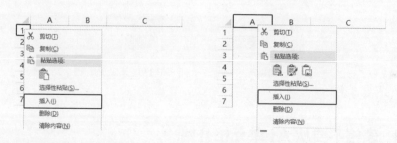

然后拖曳第 1 行和第 2 行之间的细线以调整第 1 行的高度，拖曳 A 列与 B 列之间的细线以调整 A 列的宽度。

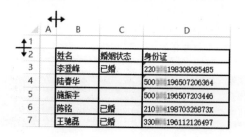

1.1.2　用文字列把数字列隔开

在下表所示的案例中有 7 列数据，其中"姓名"列和"婚姻状态"列是中文文字，"身份证""联系方式""入职日期""基本工资""业绩目标"等列为数字。

文字	文字	数字	数字	数字	数字	数字
姓名	婚姻状态	身份证	联系方式	入职日期	基本工资	业绩目标
李登峰	已婚	220▨▨198308085485	131▨▨▨0726	20180830	3600	400000
陆春华		500▨▨196507206364	183▨▨5208	20200615	3360	565000
施振宇		500▨▨196507203446	132▨▨0418	20160422	6400	300000
陈铭	已婚	210▨▨19870326873X	131▨▨1738	20201013	5840	785000
王驰磊	已婚	330▨▨196112126497	186▨▨6032	20100107	3500	450000
王心宇	已婚	310▨▨196902057834	183▨▨4226	20200704	5100	650000

从"身份证"列到"业绩目标"列共有 5 列，其内容全部是数字，会导致在解读数据时多个数字相互混淆。为了避免这样的情况发生，可以将文字列放置在数字列中间。

在本案例中，"姓名"列作为主要数据，不能调整位置，"婚姻状态"列则可以随意调整位置。将"婚姻状态"列放到"联系方式"列和"入职日期"列中间，这样可以有效地降低数字间相互混淆的可能性。

| 文字 | 数字 | | 数字 | 文字 | 数字 | 数字 | 数字 |

姓名	身份证		联系方式	婚姻状态	入职日期	基本工资	业绩目标
李登峰	220■	198308085485	131■	0726	已婚	20180830	3600	400000
陆春华	500■	196507206364	183■	5208		20200615	3360	565000
施振宇	500■	196507203446	132■	0418		20160422	6400	300000
陈铭	210■	19870326873X	131■	1738	已婚	20201013	5840	785000
王驰磊	330■	196112126497	186■	6032	已婚	20100107	3500	450000
王心宇	310■	196902057834	183■	4226	已婚	20200704	5100	650000

1.1.3　快速自动调整列宽

在设置完表格从 B2 单元格开始后，接下来的布局设置就是调整表格的列宽。设定列宽的基本原则是，让每个单元格里的文字、数字都能全部呈现在表格中，并且没有多余的空隙。

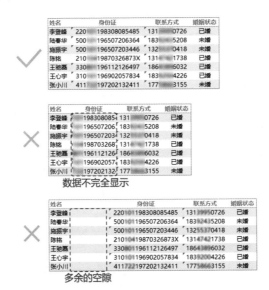

数据不完全显示

多余的空隙

使用手动拖曳单元格边界线来设置列宽的方法，难以调整得恰到好处，有没有什么办法能够根据整列数据的长度来自动调整列宽呢？可以使用"双击间隙"的方法来实现。例如需要调整 B 列的宽度，那么就将鼠标指针标放置在 B 列和 C 列中间的间隙处，然后双击，Excel 即可根据 B 列的内容自动调整列宽。

但是当表格中有较多列时，难道需要双击每列来实现自动调整列宽吗？可以通

过先选中多列再双击列间隙的方法来自动调整多列列宽。选中 Excel 表格中的 B 列至 H 列，然后双击 B 列至 H 列的任意一个列间隙，即可让 B 列至 H 列都自动调整列宽。

1.1.4 使用跨列居中，为表格插入清晰的标题

当解读数据的人打开工作表时，第一件事就是思考："这张表是干嘛的？"他会审视整个工作表的结构，或者通过查看工作表名称来解决这个问题。

为了让解读者一目了然地知道该表的主题，通常需要在工作表中插入一个清晰的标题。

在第一行下面插入两行。为了让标题在 B 列至 H 列居中，通常的做法是对 B2 至 H2 单元格进行"合并单元格"的操作。这样做会有一个很大的问题：当需要调整列之间的顺序时，由于无法对合并的单元格进行剪切，从而导致无法剪切列，也无法调整列之间的顺序。

可以通过"跨列居中"的方法来实现。选中 B2:H2 单元格区域，按"Ctrl+1"快捷键（此处的"1"键为"Q"键左上方的按键，并非数字键盘中的"1"），打开"设置单元格格式"对话框，单击【对齐】选项卡，将水平对齐方式设置为"跨列居中"，然后单击"确定"按钮。

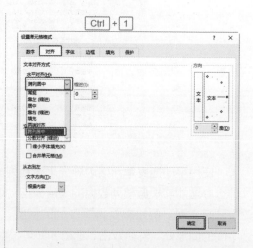

此时再输入标题"员工列表"，发现该标题在 B2:H2 单元格区域中是居中的，但没有将单元格合并，不影响列的操作。

姓名	身份证	联系方式	婚姻状态	入职日期	基本工资	业绩目标
李登峰	220██198308085485	131███0726	已婚	20180830	3600	400000
陆春华	500██196507206364	183██5208		20200615	3360	565000
施振宇	500██196507203446	132██0418		20160422	6400	300000
陈铭	210██19870326873X	131██1738	已婚	20201013	5840	785000
王驰磊	330██196112126497	186██6032	已婚	20100107	3500	450000
王心宇	310██196902057834	183██4226	已婚	20200704	5100	650000

1.2 快速让表格变专业的样式设计

完成了表格的布局设置后，接下来要进行表格的样式设计，让表格看起来专业。表格的样式设计主要围绕两点：边框和填充。不要小看了这两点设置，它们是 Excel 表格在未被仔细解读前给人的第一印象，如果表格的样式设计得不好，则会让解读表格的人"头疼"。

1.2.1 使用 Excel 自带的表格样式

扫码看视频

在职场中，我经常看到许多 Excel 表格都使用黑色边框，白色填充。而我更推荐使用隔行变色和浅色边框，两者对比如下。

姓名	身份证	联系方式	婚姻状态	入职日期	基本工资	业绩目标
李登峰	220██198308085485	131███0726	已婚	2020/8/30	3,600	40.0万
陆春华	500██196507206364	183██5208	未婚	2020/6/15	3,360	56.5万
施振宇	500██196507203446	132██0418	未婚	2020/4/22	6,400	30.0万
陈铭	210██19870326873X	131██1738	已婚	2020/10/13	5,840	78.5万
王驰磊	330██196112126497	186██6032	已婚	2020/1/7	3,500	45.0万
王心宇	310██196902057834	183██4226	已婚	2020/7/4	5,100	65.0万
张小川	411██197202132411	177██3155	未婚	2020/12/22	7,000	20.0万
赵英	370██196407281817	186██4449	已婚	2020/6/5	3,500	30.0万
林小玲	341██196510306265	188██1291	离异	2020/5/17	4,000	45.0万

姓名	身份证	联系方式	婚姻状态	入职日期	基本工资	业绩目标
李登峰	220██198308085485	131███0726	已婚	2020/8/30	3,600	40.0万
陆春华	500██196507206364	183██5208	未婚	2020/6/15	3,360	56.5万
施振宇	500██196507203446	132██0418	未婚	2020/4/22	6,400	30.0万
陈铭	210██19870326873X	131██1738	已婚	2020/10/13	5,840	78.5万
王驰磊	330██196112126497	186██6032	已婚	2020/1/7	3,500	45.0万
王心宇	310██196902057834	183██4226	已婚	2020/7/4	5,100	65.0万
张小川	411██197202132411	177██3155	未婚	2020/12/22	7,000	20.0万
赵英	370██196407281817	186██4449	已婚	2020/6/5	3,500	30.0万
林小玲	341██196510306265	188██1291	离异	2020/5/17	4,000	45.0万

为了解决容易看串行的问题，可以将表格设置为"隔行变色"。使用了隔行变

色的表格就可以省去内部边框了。但是如何为表格设置隔行变色呢？难道需要为每行都设置不同的填充颜色吗？可以使用 Excel 自带的"表格格式"。

选中需要设置边框和填充的表格数据，单击【开始】选项卡中的"套用表格格式"按钮，单击"浅色"中的第 1 行第 4 列样式。

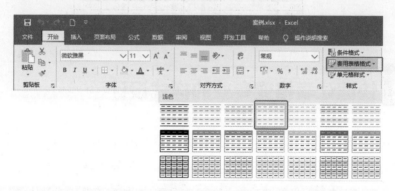

Excel 会弹出"套用表格式"对话框，单击"确定"按钮即可。

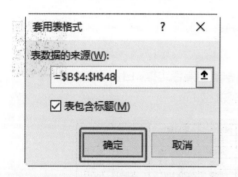

Excel 会默认给标题行设置筛选按钮，可以通过单击【设计】选项卡，取消选中"筛选按钮"复选框来删除它。

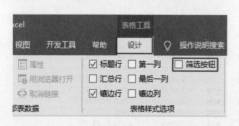

为什么要选择该样式呢？因为它的颜色较浅，而且打印出来，表格也是灰色的。如果使用其他色彩浓郁的样式，则会导致在解读数据时注意力被大大分散，而且打印出来，表格全是深灰色的。

该样式默认的文字颜色为灰色，这样不利于数据的查看，需要将文字颜色修改为黑色。按"Ctrl+Shift+ →"和"Ctrl+Shift+ ↓"快捷键，选中"B5:H48"单元格区域，单击【开始】选项卡中的"字体颜色"按钮，将选中区域的字体颜色设置为"自动"即可。

扫码看视频

1.2.2 数据表边框的设计要点：内无框，四周框

设置完表格的填充颜色后，接下来就是设置表格的边框了。在数据表中，已经使用了"隔行变色"来区分行，且每列数据都会对齐（1.3.7 小节中会详述数据的对齐方式）以区分列，所以就不需要使用内边框来分隔单元格了。数据表边框的设计要点是"内无框，四周框"。

如何实现"内无框，四周框"呢？首先要去除表格中所有的边框，然后将边框颜色设置为灰色，最后设置外侧边框。

数据表边框（无内框，四周框）→ 设置无框线 → 边框颜色为灰色 → 设置外侧框线

选中数据表区域 B4:H48，单击【开始】选项卡中"边框"右侧的下拉箭头，单击"无框线"，然后单击"线条颜色"中的灰色，并单击"外侧框线"。

此时已经完成了表格边框的设置，然而内边框中仍然有灰色细线（下图虚线框处），这是为什么呢？

姓名	身份证	联系方式	婚姻状态	入职日期	基本工资	业绩目标
李登峰	220 1983080852485	131 0726	已婚	20180830	8600	400000
陆春华	500 196507206364	183 5208		20200615	8360	565000
施振宇	500 196507203446	132 0418		20160422	5400	300000
陈铭	210 19870326873X	131 1738	已婚	20201013	5840	785000
王驰磊	330 196112126497	186 6032	已婚	20100107	7500	450000
王心宇	610 196902057834	183 4226	已婚	20200704	6100	650000
张小川	411 197202132411	177 3155		20151222	7000	200000
赵英	370 196407281817	186 4449	已婚	20110605	7500	300000
林小玲	841 196510306265	188 1291	离异	20130517	4000	450000

此时显示的灰色细线是 Excel 的网格线，只用于区分每个单元格，在 8.2.2 小节中将详细介绍如何去除这些网格线。

1.2.3 为表头左上角设置斜线

扫码看视频

在大部分供参考和讨论的表格中，都会在左上角添加一条斜线。如下图所示，这条斜线下方的内容，代表该列的内容为"姓名"，而斜线上方的内容，代表其他列名，通常统称为"信息"或"类目"。

类目\姓名	身份证	联系方式	婚姻状况	入职日期	身体状况	基本工资
李登峰	22010119830085485	1311 9950726	已婚	2020/8/30	3,600	40.0万
陆春华	50010119650720664	1839 415208	未婚	2020/6/15	3,360	56.5万
施振宇	50010119650720446	1325 370418	未婚	2020/4/22	6,400	30.0万
陈格	2101041987032687X	1314 421738	已婚	2020/10/13	5,840	78.5万
王驰磊	33010119611226497	1864 6032	已婚	2020/1/7	3,500	45.0万
王心宇	31010119690205784	1839 004226	已婚	2020/7/4	5,100	65.0万

如何才能实现以上效果呢？最为便捷的方法就是直接画一条斜线。单击【开始】选项卡中"边框"右侧的下拉箭头，单击"绘制边框"，然后在 B4 单元格中，从左上角绘制一条斜线至右下角，绘制完成后按"Esc"键退出绘制状态。

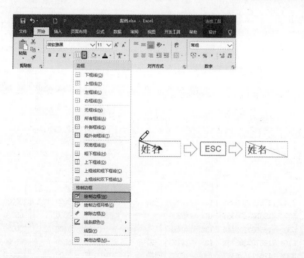

此时的斜线浮于文字上方，没有影响文字的显示。如何才能在斜线的右上方显示"类目"二字呢？其实，B4 单元格中是有两行数据的。

如何在单元格内输入两行数据呢？双击 B4 单元格，进入单元格编辑状态，将光标置于"姓名"前方。如果直接按"Enter"键，Excel 将退出 B4 单元格的编辑状态，光标进入 B5 单元格，这是因为 Excel 中的"Enter"代表"完成"的意思。要输入两行数据，需要使用"Alt+Enter"快捷键来实现单元格内的换行。

在姓名的上方输入"类目"二字，当希望将"类目"二字右对齐时发现，无法单击右对齐按钮，原因是 Excel 中的对齐功能仅作用于单元格。也就是说，单元格中的两行数据，不能一个左对齐，一个右对齐。这时只能通过添加空格的方法将"类目"向右靠。在"类目"二字前方添加 4 个空格，然后将 B 列的宽度加大即可。

1.3 让文字的可读性更强

设置完表格的布局和边框后，表格的整体样式已经基本成型，还需要增加表格中文字的可读性，这样就能够让表格一目了然。

1.3.1 中文字体用"微软雅黑"、数字和英文字体用"Arial"

字体不但可以让数据看起来更优美，还可以让数字内容更加易读。Excel 中默认的字体会根据系统的变化而改变，通常为"等线"，本案例中显示的文字是"宋体"，这是因为将表格数据从 Word 中复制粘贴到 Excel 中时，将字体的设置也一并复制过来了。

而在职场中，最常用的设置就是将中文的字体设置为"微软雅黑"，数字和英文的字体设置为"Arial"。首先来比较一下宋体、等线和微软雅黑这 3 种字体

的显示效果。

3 种字体中，宋体常用于大段的文字，在 Word 文档中较为常用，而等线和微软雅黑相较之下，微软雅黑较为美观。

接下来对比一下数字和英文的 3 种字体：Times New Roman、微软雅黑和 Arial。

Times New Roman 是在 Word 文档中常用的英文字体，但是它粗细不一致，在含有大量数字的 Excel 表格中，它并不是首选。微软雅黑和 Arial 字体的粗细一致，看上去较为美观。而且 Arial 更加瘦长，有利于数据的输入，所以 Excel 表格中，数字和英文的字体通常都使用 Arial。

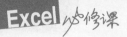

入职日期	基本工资	业绩目标
20180830	3600	400000
20200615	3360	565000
20160422	6400	300000
20201013	5840	785000
20100107	3500	450000
20200704	5100	650000
20151222	7000	200000

入职日期	基本工资	业绩目标
20180830	3600	400000
20200615	3360	565000
20160422	6400	300000
20201013	5840	785000
20100107	3500	450000
20200704	5100	650000
20151222	7000	200000

入职日期	基本工资	业绩目标
20180830	3600	400000
20200615	3360	565000
20160422	6400	300000
20201013	5840	785000
20100107	3500	450000
20200704	5100	650000
20151222	7000	200000

Times New Roman　　　　微软雅黑　　　　Arial

难道需要一列列地设置字体吗？如何能够快速将中文的字体设置为微软雅黑，将数字和英文的字体设置为 Arial 呢？

通常会使用两个步骤来完成所有的字体设置。先将表格内全部文字的字体改为微软雅黑，再将数字和英文的字体改为 Arial。

单击数据表外的任意单元格，按"Ctrl+A"快捷键，选中工作表中的所有单元格，然后单击【开始】选项卡，将字体设置为微软雅黑。

选中 C5:D48 和 F5:H48 单元格区域，将字体改为 Arial 即可。

专栏 不用每次改字体，设置 Excel 默认字体

难道每次都要为新建的 Excel 表格设置字体吗？当然不用。Excel 提供了设置默认字体的功能。

单击【文件】选项卡，单击"选项"按钮，在【常规】选项卡中，将"使用此字体作为默认字体"设置为"微软雅黑"并单击"确定"按钮。

将 Excel 关闭，重新打开后此设置将会生效，但是 Excel 的默认字体设置功能有 3 个问题。

① 不支持将中文字体与西文（数字与英文）字体分开设置。

默认字体不支持区分中文字体和西文字体，所以表格中的西文字体仍然需要手动设置。

② 不支持单击鼠标右键新建的Excel表格。

如果在桌面上单击鼠标右键，并新

建 Excel 表格，那么表格的字体并不是微软雅黑，仍然是默认的等线。也就是说，必须是通过单击 Excel 中的"新建"按钮所创建的 Excel 表格，才可以使用该默认设置。

③ 不支持从其他文件中复制来的数据。

如果将其他的 Excel 表格的数据复制到自己的 Excel 表格中，将不能应用默认字体设置。因为复制粘贴来的数据中已经包含字体设置，而且将数据粘贴在 Excel 中，不能像在 Word 中那样在粘贴时设置"无格式文本粘贴"，因为那样会去除数据中包含的公式和数字格式等重要设置。

第 2 个问题可以通过设置"主题字体"来解决。设置"主题字体"是快速修改全部字体的方法。

01 单击【页面布局】选项卡，单击"字体"中的"自定义字体"选项。

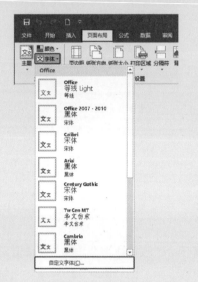

02 在弹出的对话框中，将"标题字体（中文）"和"正文字体（中文）"设置为微软雅黑，在名称处输入"微软雅黑"，然后单击"保存"按钮。西文

的标题字体和正文字体设置后，无法生效，所以无须设置。

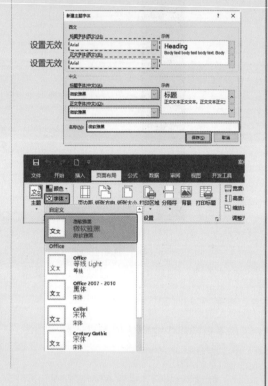

1.3.2 除了标题，全部使用同样的字号

表格中内容的字号在职场中没有明确的规定，通常设置为10~12。因为小于10将会导致文字看不清，而大于12，则会导致不能在一页中显示较多的数据。本案例中的字号为10.5，可以不用修改。

标题的字号则可以比表格中内容的字号大，为了起到一目了然的作用，

通常将标题字号设置为12~16。选中本案例中的表格标题，使用【开始】选项卡中的增大字号按钮来调整字号。

扫码看视频

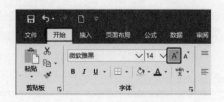

需要注意的是，表格中的字号应当统一，除了标题外，全部使用 10 或者 11 都可以，但不能混用。因为一旦混用了不同的字号，整张表格中的数据将会难以解读，数字也会难以对比。特别是从其他表格中复制数据时，往往会将其他表格的数据格式也一并复制到自己的表格中，这样会造成数据解读的困扰。

当设置完字体和字号后，需要重新调整表格的列宽，以适应新的数据长度。

很多人会说，"我增大字号是为了起强调作用"，如果需要强调某些数据，并不需要通过调整字号来使数据突出，突出数据的方法详见 1.4 节。

1.3.3 行高统一设置为"18"

Excel 会根据字体与字号自动设置行高。默认的设置会让行与行之间的数据稍显紧密。在职场中，将行高设置为 18 是较为常见的方法，两者对比如下所示。

当行高为 18 时，可以让文字的上下多出一点空间，这样不仅能让文字更容易解读，也能够使表格显得更美观。

选中表格的 5~48 行，在行号上单击鼠标右键，单击"行高"，在弹出的"行高"对话框中输入"18"，然后单击"确定"按钮。

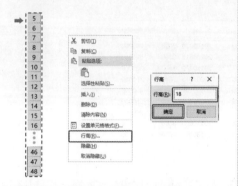

在本案例中，表格的行数较少，所以选中所有行操作起来较为方便。如果行数较多，比如表格有 500 行，那么选中所有行将会非常浪费时间，如何能够将整个表格的行高都设置为 18 呢？

这时可以先将工作表中所有的行高都设置为 18，然后再调整特殊行的行高即可。按"Ctrl+A"快捷键选中整张工作表，或单击行号顶部的三角形也可以完成全选工作表的操作，然后单击鼠标右键，在弹出的快捷菜单中选择"行高"，设置行高为 18。

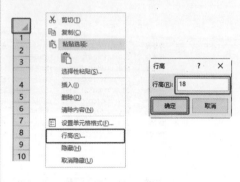

再调整特殊行的行高，选中第 1~4 行，双击任意行间隙，自动调整 1~4 行的行高。

1.3.4 为数字设置易读的千分位显示

在 Excel 表格中经常会出现数字，可能是金额、数量或者单价。如果这个数字较大，为了了解其大小，需要一个一个地计算位数。

如果数字超过 1 000，可以给该数字添加千位分隔符，就可以一目了然地让解读者知道数字的数量级了。

3,600   283,800

如何能够快速给数字添加千位分隔呢？比如给本案例中的"基本工资"一列设置千位分隔符。单击 G5 单元格，使用"Ctrl+Shift+↓"快速选中 G 列的表格数据，然后单击【开始】选项卡中的"千位分隔样式"按钮即可。

1.3.5 去掉迷惑人心的小数位

当为数字设置千位分隔符后，数字将自动变为"会计专用"格式，并且添加了2位小数，如果该列数据本身没有小数，那么这2位小数就会"迷惑人心"。这是由于小数位增加了整个数字的长度，而且小数点"."与千位分隔符","外形较为相似，很容易让人产生误解。

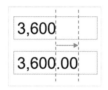

为了避免这样的误解，如果数字中没有小数，则必须去除所有小数位。许多职场人士都习惯了在单元格上单击鼠标右键，单击"设置单元格格式"来调整小数位，这样非常浪费精力，其实，不使用"设置单元格格式"也能够去除小数位。

比如需要去除本案例中的"基本工资"的小数位，首先选中G5:G48单元格区域，单击【开始】选项卡中的"减少小数位数"按钮两次即可。

而且在通常情况下，在设置千位分隔符后需要立即去除小数位，所以这两个步骤通常是连续进行的。

1.3.6 缩减位数，把整数超过5位的数字用"万"表示

扫码看视频

当数字的整数部分超过5位，其值超过"万"时，职场人士通常不会注意"万"以后的数字，而是直接查看该数字有多少"万"。

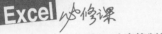

为了省略万之后的数字，让数字一目了然，可以让数字显示为多少万。

如何将数字用"万"表示呢？

在本书案例中，需要将"业绩目标"列的数字用"万"表示，首先选中 H5:H47 单元格区域，在【开始】选项卡中单击数字格式中的"其他数字格式"。在弹出的对话框中选中"自定义"，在"类型"处输入"0!.0,万"，然后单击"确定"按钮即可。

这种方式会将数字进行四舍五入，职场中，除了"万"以外，还会使用到"千"。以下列举了常用的精炼显示方式的代码，只要将这些代码输入到自定义类型中，即可获得相应的结果。

原始数据	结果数据	使用代码
12345	1.2 万	0!.0,万
12345	12.3 千	0.0, 千
12345	12 千	0, 千

1.3.7 数字居右，非数字居左，长短一样居中

经常听到职场人士说："为了美观，把表格中所有的数据都居中显示。"我的疑问是："居中显示真的实用吗？"

在职场中，数据通常可以分为 3 类：中文、英文和数字。如果把它们全部居中显示，结果如下。

中文	中文	英文	数字
上衣	合格	Jacket	15,200
日用品	合格	Daily Necessities	99
高端奢侈类	合格	High-end luxury	367,050
鞋	合格	Shoes	880

如果把数字右对齐，中文和英文左对齐，则会让这些数据更加易读。

中文	中文	英文	数字
上衣	合格	Jacket	15,200
日用品	合格	Daily Necessities	99
高端奢侈类	合格	High-end luxury	367,050
鞋	合格	Shoes	880

为什么数字右对齐，中文和英文左对齐会更加易读呢？因为这符合我们的阅读习惯。

中文和英文的阅读顺序是从左至右，如果将它们左对齐则可以很方便地从同一个位置开始从左至右阅读，而将它们居中对齐，则需要让解读数据的人不断地寻找每行的起始位置。

数字的阅读顺序是从右至左，个、十、百、千、万这样阅读，如果将数字都右对齐，可以很方便地从同一个位置开始从右至左阅读，而将它们居中对齐，

则需要让解读数据的人不断地寻找每行的起始位置。

把数字右对齐，非数字左对齐还有一个理由，就是因为这样设置会产生视觉上的"直线"，即使表格在没有内边框的情况下也不会造成数据的误读。

中文	中文	英文	数字
上衣	合格	Jacket	15,200
日用品	合格	Daily Necessities	99
高端奢侈类	合格	High-end luxury	367,050
鞋	合格	Shoes	880

在实际的设置过程中，有一种特例，也就是当整列的数据长短一样时，将其居中对齐可以在不影响阅读的情况下，提高美观度。

根据"数字居右，非数字居左，长短一样居中"的方法，将本案例中的"姓名"列左对齐，"身份证"列、"联系方式"列、"婚姻状态"列和"入职日期"列居中对齐，"基本工资"列和"业绩目标"列右对齐。

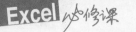

姓名列已经居左，无须设置。选中 C5:F48 单元格区域，单击【开始】选项卡中的"居中"按钮。然后选中 G5:H48，单击【开始】选项卡中的"右对齐"按钮。

那么标题如何对齐呢？标题的对齐方式跟着数据走。

表格中的数据可以按照"数字居右，非数字居左，长短一样居中"的方法来让数据更加易读，而表格数据上方的标题则不能使用这个方法，因为表格标题大都是"非数字"，如果按照该方法，所有的表格标题都要居左，那么显示结果如下。

姓名\类目	身份证	联系方式	婚姻状态	入职日期	基本工资	业绩目标
李登峰	22010 1198308085485	13139950726	已婚	20180830	3,600	40.0万
陆春华	500101196507206364	18392415208		20200615	3,360	56.5万
施振宇	500101196507203446	13255370418		20160422	6,400	30.0万
陈铭	210104419870326873X	13147421738	已婚	20201013	5,840	78.5万
王驰磊	330801196112126497	18643906032	已婚	20100107	3,500	45.0万
王心宇	310101196902057834	18392004226	已婚	20200704	5,100	65.0万
张小川	411722197202132411	17758663155		20151222	7,000	20.0万

这样的显示结果并不能让人一目了然，反倒让解读数据的人感觉很奇怪，因为在同一列中，标题和数据的对齐方式不一样。如果将标题和数据的对齐方式保持一致，则结果如下。

姓名\类目	身份证	联系方式	婚姻状态	入职日期	基本工资	业绩目标
李登峰	22010 1198308085485	13139950726	已婚	20180830	3,600	40.0万
陆春华	500101196507206364	18392415208		20200615	3,360	56.5万
施振宇	500101196507203446	13255370418		20160422	6,400	30.0万
陈铭	210104419870326873X	13147421738	已婚	20201013	5,840	78.5万
王驰磊	330801196112126497	18643906032	已婚	20100107	3,500	45.0万
王心宇	310101196902057834	18392004226	已婚	20200704	5,100	65.0万
张小川	411722197202132411	17758663155		20151222	7,000	20.0万

通过对比可以发现，让标题的对齐方式与标题所在列的数据的对齐方式保持一致，可以让表格更加易读。

1.4 将报表变得一目了然

在职场中，常见的表格分为数据表和报表，前文都是以数据表作为案例，让数据表一目了然，而本节将围绕如何让报表也变得一目了然。

往年经费使用	单位	2017年	2018年	2019年
预算	元	120,000	147,000	189,000
上课次数	次	30	35	42
平均讲师费用	元	4,000	4,200	4,500
费用	元	120,000	140,000	180,000
增长率	%	/	17%	29%
上课次数	次	30	35	40
平均讲师费用	元	4,000	4,000	4,500
结余	元	0	7,000	9,000

在当前 Excel 文件中新建一张工作表，并重命名为"报表"。

然后将"案例"中的第 2 张表复制到新的工作表的 B2 单元格中，并关闭 Word 文档。

对这张报表先进行以下基础操作：

① 每列设置自动调整列宽；

② 中文设置为"微软雅黑"，其他设置为"Arial"；

③ 行高设置为"18"；

④ 为大于 1 000 的数字设置千位分隔符；

⑤ 去掉设置了千位分隔符的数字的小数位；

⑥ 数字右对齐；

⑦ 列标题右对齐。

	2017年	2018年	2019年
预算（元）	120000	147000	189000
上课次数（次）	30	35	42
平均讲师费用	4000	4200	4500
费用（元）	120000	140000	180000
增长率（%）		17%	29%
上课次数（次）	30	35	40
平均讲师费用	4000	4000	4500
结余（元）	0	7000	9000

	2017年	2018年	2019年
预算（元）	120,000	147,000	189,000
上课次数（次）	30	35	42
平均讲师费用（元）	4,000	4,200	4,500
费用（元）	120,000	140,000	180,000
增长率（%）		17%	29%
上课次数（次）	30	35	40
平均讲师费用（元）	4,000	4,000	4,500
结余（元）	0	7,000	9,000

1.4.1 用灰色填充突出报表中的主要项目

在数据表中，会使用"隔行变色"来区分每行，以防止解读数据时看串行，如果报表也使用"隔行变色"，就会得到以下结果。

预算（元）	120,000	147,000	189,000
上课次数（次）	30	35	42
平均讲师费用（元）	4,000	4,200	4,500
费用（元）	120,000	140,000	180,000
增长率（%）		17%	29%
上课次数（次）	30	35	40
平均讲师费用（元）	4,000	4,000	4,500
结余（元）	0	7,000	9,000

报表与数据表不同，报表中的每行并不是同样重要的，如果采用"隔行变色"，会让解读数据的人产生混乱，无法解读该报表的结构。所以报表不能使用"隔行变色"。

在该报表中，"预算"、"费用"和"结余"是主要项目，如果不把它们标注出来，解读数据的人需要花费大量时间和精力才能看懂这张报表。

	2017年	2018年	2019年
预算（元）	120,000	147,000	189,000
上课次数（次）	30	35	42
平均讲师费用（元）	4,000	4,200	4,500
费用（元）	120,000	140,000	180,000
增长率（%）		17%	29%
上课次数（次）	30	35	40
平均讲师费用（元）	4,000	4,000	4,500
结余（元）	0	7,000	9,000

要在报表中突出主要项目，通常采用灰色填充的方法来实现。

	2017年	2018年	2019年
预算（元）	120,000	147,000	189,000
上课次数（次）	30	35	42
平均讲师费用（元）	4,000	4,200	4,500
费用（元）	120,000	140,000	180,000
增长率（%）		17%	29%
上课次数（次）	30	35	40
平均讲师费用（元）	4,000	4,000	4,500
结余（元）	0	7,000	9,000

选中 B3:E3 单元格区域，单击【开始】选项卡中的"填充颜色"按钮右侧的下拉箭头，单击浅灰色。

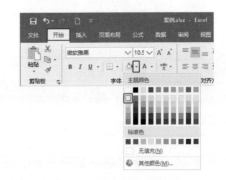

1.4.2 报表边框的设计要点：上下粗，中间细

数据表的边框的设计要点是"内无框，四周框"，如果报表也采用同样的设置，将会得到以下结果。

	2017年	2018年	2019年
预算（元）	120,000	147,000	189,000
上课次数（次）	30	35	42
平均讲师费用（元）	4,000	4,200	4,500
费用（元）	120,000	140,000	180,000
增长率（%）		17%	29%
上课次数（次）	30	35	40
平均讲师费用（元）	4,000	4,000	4,500
结余（元）	0	7,000	9,000

×

在数据表中可以"内无框"是因为使用了"隔行变色"，而报表中没有设

置"隔行变色"，所以就不能"内无框"了。报表边框的设计要点是"上下粗，中间细"。每行间的细线可以分开每一行的数据；而上下的粗线，可以让解读数据的人一目了然地看到报表的上下边界在哪里。

	2017年	2018年	2019年
预算（元）	120,000	147,000	189,000
上课次数（次）	30	35	42
平均讲师费用（元）	4,000	4,200	4,500
费用（元）	120,000	140,000	180,000
增长率（%）		17%	29%
上课次数（次）	30	35	40
平均讲师费用（元）	4,000	4,000	4,500
结余（元）	0	7,000	9,000

如何设置"上下粗，中间细"呢？首先按"Ctrl+A"快捷键选中报表所有数据，单击【开始】选项卡中的"边框"按钮右侧的下拉箭头，单击"其他边框"。在弹出的对话框中，先将"颜色"修改为灰色，然后在"样式"区域中单击"细线"，并单击边框的中部，然后单击"粗线"，并单击边框的上部和下部，最后单击"确定"按钮。

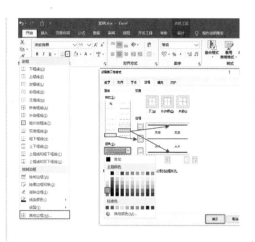

1.4.3 空数据不能用留白显示

在报表中，C7 单元格是空白的，仔细思考之后发现，这是因为 2017 年是第 1 年，所以增长率为空。

	2017年	2018年	2019年
预算（元）	120,000	147,000	189,000
上课次数（次）	30	35	42
平均讲师费用（元）	4,000	4,200	4,500
费用（元）	120,000	140,000	180,000
增长率（%）		17%	29%
上课次数（次）	30	35	40
平均讲师费用（元）	4,000	4,000	4,500
结余（元）	0	7,000	9,000

当解读数据的人第一眼看到空单元格时，会陷入思考："这个单元格是没有统计吗？是无法统计吗？是没有数据吗？"只有在经过一番思考后，他们才能得出"第 1 年增长率为空"的结论。在职场中经常会碰到空单元格的情况，这时该如何做才能让这个特殊的单元格一目了然呢？

如果在这个空单元格中填上"0"，那么会引起解读者的误解：2017 年的增长率为 0，和 2016 年持平。这样会导致传递错误的信息，最终会给其他人一个不好的印象："你做的报表是错的。"

	2017年	2018年	2019年
预算（元）	120,000	147,000	189,000
上课次数（次）	30	35	42
平均讲师费用（元）	4,000	4,200	4,500
费用（元）	120,000	140,000	180,000
增长率（%）	0	17%	29%
上课次数（次）	30	35	40
平均讲师费用（元）	4,000	4,000	4,500
结余（元）	0	7,000	9,000

2017年增长率为0，和2016年持平

而一些 Excel 的专业人士会选择使用"N/A"来填充单元格，它是 Not Applicable（不适用）的简写，但是"N/A"只有专业人士看得懂，对于普通的数据解读者来说，看到"N/A"时，他们也会陷入思考："这是什么意思？这里计算出错了吗？"

	2017年	2018年	2019年
预算（元）	120,000	147,000	189,000
上课次数（次）	30	35	42
平均讲师费用（元）	4,000	4,200	4,500
费用（元）	120,000	140,000	180,000
增长率（%）	N/A	17%	29%
上课次数（次）	30	35	40
平均讲师费用（元）	4,000	4,000	4,500
结余（元）	0	7,000	9,000

这是什么意思？
这里计算出错了吗？

为了让所有人都可以一目了然地知道这里的数据为"空"，可以在该单元格输入"/"。

	2017年	2018年	2019年
预算（元）	120,000	147,000	189,000
上课次数（次）	30	35	42
平均讲师费用（元）	4,000	4,200	4,500
费用（元）	120,000	140,000	180,000
增长率（%）	/	17%	29%
上课次数（次）	30	35	40
平均讲师费用（元）	4,000	4,000	4,500
结余（元）	0	7,000	9,000

第一年数据为"空"

1.4.4 单位要自成一栏才能清晰可见

报表中会有单位，如果按照普通的方式，将"元"、"次"和"%"等单位放在项目名称后面，由于每个项目名称的长短不一，就会导致每个单位的位置不同，让人很难一眼就看出每一个项目的单位是什么。

	单位	2017年	2018年	2019年
预算	元	120,000	147,000	189,000
上课次数	次	30	35	42
平均讲师费用	元	4,000	4,200	4,500
费用	元	120,000	140,000	180,000
增长率	%	/	17%	29%
上课次数	次	30	35	40
平均讲师费用	元	4,000	4,000	4,500
结余	元	0	7,000	9,000

	2017年	2018年	2019年
预算（元）	120,000	147,000	189,000
上课次数（次）	30	35	42
平均讲师费用（元）	4,000	4,200	4,500
费用（元）	120,000	140,000	180,000
增长率（%）	/	17%	29%
上课次数（次）	30	35	40
平均讲师费用（元）	4,000	4,000	4,500
结余（元）	0	7,000	9,000

为了让单位可以一眼就被找到，可以将单位设置为独立的一列。

首先在 C 列前插入新的一列，然后手动输入列标题"单位"和各行的单位，并删除 B 列中的单位。由于单位的长短相同，所以设置 C 列为居中显示。

在将"单位"从 B 列移至 C 列的过程中，需要手动地进行输入和删除，有没有一种快捷的方式来让 Excel 自动完成单位这一列的新建呢？在下一章中会详细讲解。

1.4.5　项目缩进体现层次

　　虽然通过设置填充颜色，让"预算""费用""结余"这3个重点项目突出了，但是这样的设置没有让人看出表格中的从属关系。"上课次数"和"平均讲师费用"是"预算"的分支，而"增长率""上课次数""平均讲师费用"是"费用"的分支。

	单位	2017年	2018年	2019年
预算	元	120,000	147,000	189,000
上课次数	次	30	35	42
平均讲师费用	元	4,000	4,200	4,500
费用	元	120,000	140,000	180,000
增长率	%	/	17%	29%
上课次数	次	30	35	40
平均讲师费用	元	4,000	4,000	4,500
结余	元	0	7,000	9,000

　　为了让解读数据的人可以快速地了解该报表的结构，通常会将属于分支的项目向后缩进。

	单位	2017年	2018年	2019年
预算	元	120,000	147,000	189,000
上课次数	次	30	35	42
平均讲师费用	元	4,000	4,200	4,500
费用	元	120,000	140,000	180,000
增长率	%	/	17%	29%
上课次数	次	30	35	40
平均讲师费用	元	4,000	4,000	4,500
结余	元	0	7,000	9,000

　　那如何让这些项目向后缩进呢？Excel 没有 Word 的首行缩进功能，而使用手动输入空格的方法，会浪费很多时间。较为简便的方法就是在这些需要缩进的单元格前面加上空单元格。

　　首先在 C 列前插入一列，然后将需要缩进的单元格的内容剪切至空白列。

	单位	2017年	2018年	2019年
预算	元	120,000	147,000	189,000
上课次数	次	30	35	42
平均讲师费用	元	4,000	4,200	4,500
费用	元	120,000	140,000	180,000
增长率	%	/	17%	29%
上课次数	次	30	35	40
平均讲师费用	元	4,000	4,000	4,500
结余	元	0	7,000	9,000

　　最后调整 B 列的宽度，即可完成项目的缩进。

		单位	2017年	2018年	2019年
预算		元	120,000	147,000	189,000
	上课次数	次	30	35	42
	平均讲师费用	元	4,000	4,200	4,500
费用		元	120,000	140,000	180,000
	增长率	%	/	17%	29%
	上课次数	次	30	35	40
	平均讲师费用	元	4,000	4,000	4,500
结余		元	0	7,000	9,000

		单位	2017年	2018年	2019年
预算		元	120,000	147,000	189,000
	上课次数	次	30	35	42
	平均讲师费用	元	4,000	4,200	4,500
费用		元	120,000	140,000	180,000
	增长率	%	/	17%	29%
	上课次数	次	30	35	40
	平均讲师费用	元	4,000	4,000	4,500
结余		元	0	7,000	9,000

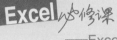

专栏　快速在同级项目中跳转

当报表中的行数较多，甚至跨页时，在单元格之间移动光标是一件非常麻烦的事情。需要先拖动滚动条将页面向下拉，再单击需要的项目。

	单位	2017年	2018年	2019年
预算	元	120,000	147,000	189,000
上课次数	次	30	35	42
⋮				
平均讲师费用	元	4,000	4,200	4,500
费用	元	120,000	140,000	180,000
增长率	%	/	17%	29%
⋮				
上课次数	次	30	35	40
平均讲师费用	元	4,000	4,000	4,500
结余	元	0	7,000	9,000

这时，可以使用"Ctrl+↓"快捷键快速地定位到下一个项目。当然也可以使用"Ctrl+↑"快捷键来快速定位到上一个项目。

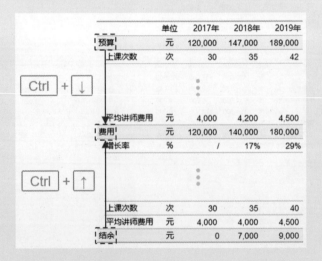

1.4.6 用组合把明细数据隐藏

当报表中的行数较多时，虽然可以通过快捷键在多个项目之间进行快捷跳转，但是报表仍然会显示所有的数据，不利于数据的集中查看。比如在本案例中，我们只希望查看"费用"项目的明细，但是其他数据会分散我们的注意力。

有什么办法可以快速隐藏不关注的数据呢？很多人会想到"隐藏行"的功能，但是部分职场人士并不会使用"隐藏行"，而且"隐藏行"要先选中需要隐藏的行，然后再单击鼠标右键设置，使用完毕还需要取消隐藏，操作太过复杂。

较为常见的方法就是使用"组合"功能。以本案例中的表格为例，选中4~5行，单击【数据】选项卡中的"组合"按钮。

观察行号的左侧，发现旁边出现了一个"－"，单击它，可以隐藏第4~5行。

单击收缩后的"＋"，可以展开隐藏的第4~5行。

虽然组合功能的"+"和"-"按钮非常实用，但是在逻辑上却有个重大问题，"+"和"-"按钮显示在数据的下方，很容易会给解读数据的人造成误解："上课次数"和"平均讲师费用"是属于"费用"的。

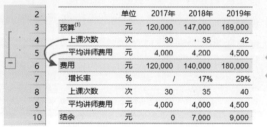

如何才能避免这样的误解呢？单击【数据】选项卡中的"分级显示"按钮 。

在弹出的对话框中，取消选中"明细数据的下方"复选框，然后单击"确定"按钮即可。

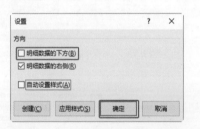

对第 7~9 行也进行相同的设置，最终结果如下图所示。

除了单击"+"和"-"按钮外，还可以单击行号顶部的"1"和"2"按钮来实现"全部收缩"和"全部展开"的功能。当单击"1"使用"全部收缩"功能时，可以方便地仅查看主要项目，而需要查看全部项目时，只要单击"2"使用"全部展开"功能即可。

全部收缩

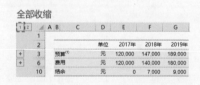

全部展开

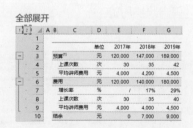

1.4.7 将报表的标题放在内部左上角

标题可以在第一时间告诉解读数据的人，这张表是干什么的。在数据表中，通常会使用跨列居中，在整个数据表的正上方插入标题，而对于报表来说，在一张工作表中通常会有多张报表，如果采用与数据表相同的标题样式，则会让页面显得很混乱。

为了让报表的标题突出，而又不影响整张工作表中的其他报表，通常会将报表的标题放在报表内部，并显示在左上角。

往年经费使用

	单位	2017年	2018年	2019年
预算	元	120,000	147,000	189,000
上课次数	次	30	35	42
平均讲师费用	元	4,000	4,200	4,500
费用	元	120,000	140,000	180,000
增长率	%	/	17%	29%
上课次数	次	30	35	40
平均讲师费用	元	4,000	4,000	4,500
结余	元	0	7,000	9,000

在第2行上单击鼠标右键，单击插入，此时插入的行并不在表格内部，而是在表格外部。在B2处输入标题"往年经费使用"。

2	往年经费使用				
3		单位	2017年	2018年	2019年
4	预算[1]	元	120,000	147,000	189,000
5	上课次数	次	30	35	42
6	平均讲师费用	元	4,000	4,200	4,500
7	费用	元	120,000	140,000	180,000
8	增长率	%	/	17%	29%
9	上课次数	次	30	35	40
10	平均讲师费用	元	4,000	4,000	4,500
11	结余	元	0	7,000	9,000

此时需要删除第2行下方的细线，并在上方添加一根粗线。选中B2:G2单元格区域，单击【开始】选项卡，单击"边框"按钮右侧的下拉箭头，单击"无框线"。

由于在边框设置中没有添加"粗上框线"的选项，只有"粗下框线"的选项，而第2行的上框线就是第1行的下框线，所以选中B1:G1单元格区域，单击右图"边框"下拉列表中的"粗下框线"即可。

为了使标题区别于报表数据，将标题加粗即可。

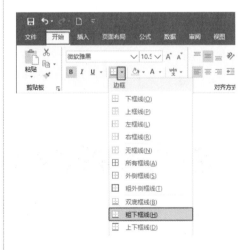

1.4.8 将指定的重点数据突出

当明确了需要突出的重点数据，可以使用 3 种方法将其突出：加粗、深底白字和粗外侧框线。

比如需要将本案例中的"沈君"一行数据突出，3 种突出方法的设置结果如下图所示。

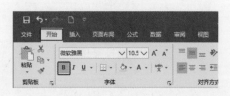

以上 3 种方法都可以起到突出数据的效果，让解读数据的人一目了然地就能看到哪些数据是重点。

选中需要突出的数据，即 B17:L17 单元格区域，然后单击【开始】选项卡中的"加粗"按钮来完成。

钮来完成的。

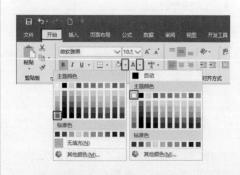

深底白字是使用【开始】选项卡中的"填充颜色"按钮和"字体颜色"按

粗外侧框线是使用【开始】选项卡中的边框设置下拉列表中的"粗外侧框线"来完成的。

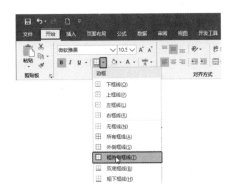

1.4.9　使用条件格式，突出重点数据

扫码看视频

　　以上3种突出数据的操作是在明确具体重点数据的情况下完成的，如果需要突出符合某个条件的数据，比如需要将所有基本工资在5 000元以上的人员突出，该如何操作呢？

　　如果自己一条条地查看每个人的基本工资是否满足">5000"的条件，则会浪费很多时间和精力。

01　选中 J5:J48 单元格区域，单击【开始】选项卡→"条件格式"按钮→"突出显示单元格规则"→"大于"选项。

02　在弹出的对话框中，将数据改为"5000"，在"设置为"下拉列表中单击"自定义格式"。

03　在弹出的"设置单元格格式"对话框中单击"加粗"，并单击"确定"按钮。

使用条件格式可以快速对符合条件

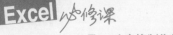

的数据进行格式设置，加粗、深底白字和粗外侧框线这 3 个突出重点数据的方法都可以使用"条件格式"来完成。

但是如果仅对"基本工资"这一列满足要求的数据进行突出，那么解读数据的人需要自己查看基本工资大于 5 000 元的人的姓名是什么，联系方式是多少。

需要将符合"基本工资 >5000"这个条件的整行数据都突出，才可以让你的上司一目了然地看到突出地重点数据。

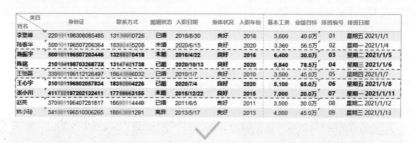

如何让整行都实现数据突出呢？

01　单击 B5 单元格，按"Ctrl+Shift+ →"快捷键选中整行数据，然后使用"Ctrl+Shift+ ↓"快捷键选中 B5:L48 单元格区域，单击【开始】选项卡中的"条件格式"按钮→"突出显示单元格规则"→"其他规则"。

02　在弹出的对话框中单击"使用公式确定要设置格式的单元格"，并在输入框

中输入公式"=$I5>5000"。

　　"="代表公式开始，在选中的 B5:L48 单元格区域中，白色的单元格是"B5"，也就是说，B5 单元格是 B5:L48 单元格区域的"队长"，而 B5 单元格对应的基本工资在 I5 单元格，所以设置条件"I5>5000"即可。然而在实际执行这个条件时，B5 单元格会判断是否满足条件"I5>5000"，而 B5 单元格右侧的 C5 单元格会判断，I5 单元格右侧的 J5 单元格内的数据是否大于 5 000，这样会导致错误的结果。

　　为了避免这样的情况发生，需要将 I 列固定，固定的方法就是在"I5"的"I"前添加"$"。手动输入完公式后，单击"格式"按钮来设置复合条件的单元格的格式。

锁定 I 列
= $ I 5 > 5 0 0 0
公式开始　　条件

03 在弹出的对话框中单击"加粗"，并单击"确定"按钮。

　　条件格式提供了很多突出重点数据的方法，除了"大于"和"小于"外，还提供了一些复杂的突出项目规则，比如"介于""文本包括"等。

　　不管使用哪种条件，在对突出的数据进行格式设置时，还是使用加粗、深底白字和粗外侧框线这 3 种方法。

　　如果需要去除条件格式，直接对数

据进行操作是没有用的，比如对使用了条件格式进行加粗的 B7 单元格取消加粗，发现没有效果，这时需要使用"条件格式"中的"清除规则"功能。

職場経験

如果在一张表格中使用了两种突出规则，如一部分使用了加粗，另一部分使用了深底白字，那么上司在看这份数据时，会陷入混乱："这两种突出的数据有什么区别？"

同样是基本工资>5000，使用两种突出方式 ✕

而如果是对一张数据表中的两个条件进行突出显示，那么就需要为这两个条件设置不同的格式。比如基本工资大于5 000元的数据加粗显示，入职年份在2018年以前的数据设置为粗外侧框线。那么在向上司汇报时，可以说："张总，加粗的数据是基本工资大于5 000元的，而有边框的数据是入职年份在2018年以前的。"这样的显示方式逻辑清晰，一目了然，你的上司定会对你赞赏有加。

1.4.10 提升工作效率——建立公司的格式标准

许多职场人士认为制作一目了然的表格是一件非常简单的事情，他们都不太在意 Excel 表格的格式，大部分企业从没有发布过关于 Excel 表格格式的标准。在企业中，绝大部分的表格都是需要在多个岗位、多个人员之间进行流转和传阅的。也就是说，一张表格，将会被多个人查看和修改。

表格在公司中成了大家信息交流的一种重要媒介，但是每个人对表格格式都有自己的习惯。

　　于是当表格在被 A 员工修改时，A 员工会按照自己的习惯去修改。当该表格在多人之间进行流转和传阅时，其他员工首先需要做的就是解读这个表格的结构和数据，这个过程就是在解读其他人的习惯，而这个习惯往往是与自己的习惯不相同的，所以会产生冲突。

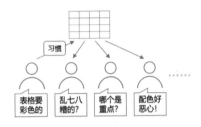

　　这样的冲突会在每个表格流转和传阅时发生，企业每天可能会发生数十次这样的冲突，那么这样的冲突会导致什么样的问题呢？它会分散员工的精力，从而增加表格误算的概率，降低员工的工作效率，最终影响到企业效益。

　　表格中的数据处理和分析本来就比较复杂，而在这之前，还让员工们消耗了不必要的时间和精力去理解别人的习惯，去解读表格中"混乱"的格式。这就像让员工在一次百米赛跑前先做 50 个俯卧撑一样，员工无法将所有的精力和时间都放在重要的数据处理和分析上。

　　而在对表格中的数据进行计算和分析时，在精力不支的情况下，面对不熟悉的表格格式，很容易出现错误的计算，修改表格的次数增加，工作效率大大降低。而且这些表格还会被用于与客户进行交流，如果出现了错误，则会对企业的形象和实际效益产生影响。

　　规避这些问题的方法很简单，只需要将每个人的"习惯"从表格中去除，为表格建立统一的格式标准。

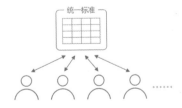

　　然而这个简单的"统一标准"却被大部分的企业忽视。很多企业会对员工的着装、

语言的规范和 PPT 汇报都设置了详尽的标准，却在表格中让大家自由发挥。

如果企业为每一类表格都设置了统一的格式标准，比如产品数据表必须是微软雅黑字体、全部采用灰色隔行变色、行高都设置为 18 等。看似简单的格式标准，却可以给企业带来以下 5 个好处。

那么如何建立公司表格的格式标准呢？首先这个格式标准并不只是一套理论，而是根据不同的情况设置的单独的案例，并且每个案例都有详细的设置要求。比如产品类的数据需要设置浅灰色隔行变色，字号大小为 11，边框为浅灰色外框等，而会计报表则需要设置子项目缩进，单位单独一列，数据有千分撇等。

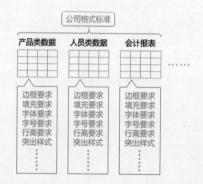

设置完这些格式标准后，将其以邮件形式发送给各个员工，并举办短期的培训班，告诉每个员工该如何去设置这些格式。

为了让企业快速地将这个格式标准全部应用，可以增加一条强制执行规则，也就是"如果格式不合格，就重新做"。比如你收到了新员工张某上交的一份产品数据表，由于该表格式不符合公司格式标准，就不需要继续解读其中的数据了，而是直接让张某重新做，直到表格格式符合标准为止。

如果不采取这样"零容忍"的态度来执行公司的格式标准，那么员工会想"反正不符合标准，也不会影响自己的正常工作"，那么他就不会身体力行地去遵守这个标准了。这个能够给企业带来利益的"格式标准"也将形同虚设。

在 2018 年上半年，我参与了 7 家公司的 Word 文档、PPT 汇报和 Excel 表格格式的标准制定工作，这其中有 3 家公司甚至把这些标准都写入了员工手册。在经过 3 个月的公司运行后，我进行了回访，得到的反馈是"在第 1 个月，大家都极力反对，怨声载道，认为这是在增加他们的工作量，而从第 2 个月开始，他们就不再抱怨，而是非常感激这样的格式标准，因为这才是真正帮他们减负的行为。"

第 **2** 章

数据整理

　　一个一目了然的表格可以让表格中的数据更加易读，如果能够确保表格中的数据是完整准确的，那么整个表格将是受人信赖的。

　　当提到"确保表格受人信赖，数据完整准确"时，大部分职场人士的第一反应就是通过公式和函数来实现。而本章将会介绍不使用公式和函数也能够确保数据完整准确的方法。

2.1 确保数据的完整准确

打开本案例中的数据表，可以看到数据表中有两个问题：姓名列中有部分文字中间含有空格，婚姻状态列中有部分单元格为空。

类目 姓名	身份证	联系方式	婚姻状态	入职日期	基本工资	业绩目标
李登峰	220101198308085485	13139950726	已婚	20180830	3,600	40.0万
陆春华	500101196507206364	18392435208		20200615	3,360	56.5万
陈振宇	500101196507203446	13255370418		20160422	6,400	30.0万
陈格	210104198703268733X	13147421738	已婚	20201013	5,840	78.5万
王驰磊	330801196112126497	18643896032	已婚	20100107	3,500	45.0万
王心宇	310101196902057834	18392004226	已婚	20200704	5,100	65.0万
张小川	411722197202132411	17758663155		20151222	7,000	20.0万
赵英	370901196407281817	18693114449	已婚	20110605	3,500	30.0万
林小玲	341001196510306265	18388381291	离异	20130517	4,000	45.0万
沈源怿	310101196902052136	13630118623	已婚	20200814	6,000	45.0万
颜晓英	341001196510304841	18362541698		20200413	6,000	45.0万
张建华	110229196505218635	18832204854	离异	20120127	5,200	65.0万
沈君	310101196902054852	13393400239	已婚	20140310	5,200	85.5万

2.1.1 替换有纰漏的数据

姓名中间有空格是在信息采集时造成的，有些人会在自己的姓名中增加空格，而有些人不会，但是在数据表中需要将这些空格去除，以确保数据的完整准确。

首先选中 B5:B48 单元格区域，单击【开始】选项卡中的"查找和选择"按钮→"替换"。打开"查找和替换"对话框，在"查找内容"输入框中输入空格，"替换为"输入框中不输入内容，这代表着将空格替换为无，然后单击"全部替换"按钮，替换完毕单击"关闭"按钮。

查看数据表左上方的单元格，"类目"前方的空格并没有被替换。

　　这就是为什么需要选中B5:B48单元格区域的原因,当单击"全部替换"按钮时,Excel执行的是选中区域内的全部替换,如果事先不选中区域,那么Excel将会对整个表格中的空格进行替换。而在这个过程中,你很可能不会发现"类目"前的空格也被替换了,这样在上交这份Excel文档时,你的上司可能会认为你做表格时不认真,工作态度不佳。

　　为了避免这样的情况发生,在职场中进行替换操作时,通常会限定替换的区域,也就是先选择区域,再执行替换。

替换 { 选择区域 → 执行替换 }

2.1.2　删除数据表中重复的项目

扫码看视频

　　在下图所示的数据表中,你会发现其中有两行相同的数据。第 17 行和第 35 行都是"沈君",而且数据相同。

16	张建华	110▮▮196505218635	188▮▮4854	离异	20120127	5,200	65.0万
17	沈君	310▮▮196902054852	133▮▮0239	已婚	20140310	5,200	85.5万
18	马丽珍	511▮▮199703155724	186▮▮5914		20200803	5,200	120.0万
34	张翠	210▮▮199005115933	132▮▮79823	离异	20210301	5,840	45.0万
35	沈君	310▮▮196902054852	133▮▮0239	已婚	20140310	5,200	85.5万
36	王奕伟	532▮▮197006104032	188▮▮7699	已婚	20200613	4,000	130.0万

　　这可能是数据录入时的误操作,或者是不同的数据源合并时,数据源中具有的相同数据。这个数据表中仅有 44 行数据,就已经较难发现有两行重复数据了,如果有数百行甚至数千行数据,就更难发现有重复的数据了。

　　如何能够找到数据表中重复的数据呢?这个操作可以让 Excel 来完成。

　　单击数据表中的任意数据,单击【数据】选项卡中的"删除重复项"按钮。

　　在弹出的对话框中,默认选中了所有的列名,也就是说,只有当"姓名"、"身份证"和"联系方式"等所有值都相同时,才算是重复数据,然后单击"确定"按钮,让 Excel 寻找所有的重复数据。当 Excel 完成检索并删除重复数据后,会将结果以下图的方式展现。

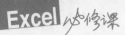

此时数据表中的第 35 行已经被删除了。需要注意的是，"删除重复项"的功能是直接删除，并不会让你选择"是否删除"和"删除哪个"。这也就意味着，假如你选择的是仅"姓名"相同就算重复项，那么 Excel 可能会删除同名同姓，但身份证号码不同的两个人。假如你选择的是仅"身份证"相同就算重复项，那么 Excel 很有可能删除这一年度采集的信息是"已婚"的沈君，而保留了上一年度采集的信息是"未婚"的沈君。

姓名	性别	身份证号码	婚姻状态
沈君	男	3101□□1196902054852	已婚
沈君	女	3101□□1197912078882	已婚

姓名	性别	身份证号码	婚姻状态
沈君	男	3101□□1196902054852	未婚
沈君	男	3101□□1196902054852	已婚

这些情况都会导致数据的不准确。所以在使用"删除重复项"功能时，通常会全选所有的列，只有当所有的值都重复时，才算重复项。

使用分列功能转化数据

上一章中需要将报表中的单位设置为单独的一列，我们的操作是手动修改，手动添加数据，并删除原有的单位。而这一操作通过分列功能能够快速完成，并且分列功能还能完成许多需要通过函数才能完成的操作。

2.2.1 不用函数也能提取数据

在职场中，对一个数据进行提取操作是很常见的，比如需要提取身份号码中的年月日来记录员工生日，提取产品编号中的特殊号码用来判断该产品的生产批次等。

通常对于这些需求，都会用函数来完成，其实不用函数也能够完成数据的提取。比如在数据表中，需要新建一列"入职年份"，用来显示每个员工的入职年份，从而可以安排相关的活动。

姓名＼类目	身份证	联系方式	婚姻状态	入职日期	入职年份	基本工资	业绩目标
李登峰	220□□1198308085485	131□□□0726	已婚	20180830	2018	3,600	40.0万
陆春华	500□□1196507206364	183□□□5208		20200615	2020	3,360	56.5万
施振宇	500□□1196507203446	132□□□0418		20160422	2016	6,400	30.0万
陈铭	210□□419870326873X	131□□□1738	已婚	20201013	2020	5,840	78.5万
王驰磊	330□□1196112126497	186□□□6032	已婚	20100107	2010	3,500	45.0万
王心宇	310□□1196902057834	183□□□4226	已婚	20200704	2020	5,100	65.0万
张小川	411□□197202132411	177□□□3155		20151222	2015	7,000	20.0万

这个过程就可以由"分列"功能来完成。需要注意的是，在分列时，分列的数据会覆盖原来的数据，而且新生成的列会覆盖后面的数据。

01 在 G 列前插入 2 列，然后将入职日期复制到第 1 列，这样在分列时就不会覆盖原数据，也不会覆盖后数据了。

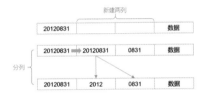

02 选中 F5:F47 区域，鼠标指针移动到选中区域的右下角，当鼠标指针变成"十"字时，向右拖曳，即可完成入职日期列的快速复制。

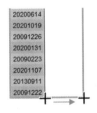

03 选中 F2:G47 区域，单击【数据】选项卡中的"分列"按钮。

04 在弹出的对话框中，选中"固定宽度"单选按钮，因为入职年份就是入职日期的前 4 位，然后单击"下一步"按钮。

05 在数据预览区中直接单击需要分割的位置，窗口中会出现一根带箭头的直线，可以直接拖曳，告诉 Excel 你需要在哪里把这些数据分割成 2 列。如果不小心在其他位置单击并新建了一根多余的分割线，可以双击该分割线来将其删除，最后单击"完成"按钮。

06 在 G4 单元格中输入"入职年份"，并删除不需要的 H 列即可完成分列操作。

2.2.2 快速提取报表中的单位

扫码看视频

打开"提取报表单位 .xlsx"素材文件,如何能够将报表中的单位提取出来呢?仔细查看会发现,所有单位都有"( )",可以使用 Excel 的分列功能,将"("作为分隔符号,将单位提取出来。

		2017年	2018年	2019年
预算(元)		120,000	147,000	189,000
上课次数(次)		30	35	42
平均讲师费用(元)		4,000	4,200	4,500
费用(元)		120,000	140,000	180,000
增长率(%)		/	17%	29%
上课次数(次)		30	35	40
平均讲师费用(元)		4,000	4,000	4,500
结余(元)		0	7,000	9,000

⇒

	单位	2017年	2018年	2019年
预算	元	120,000	147,000	189,000
上课次数	次	30	35	42
平均讲师费用	元	4,000	4,200	4,500
费用	元	120,000	140,000	180,000
增长率	%	/	17%	29%
上课次数	次	30	35	40
平均讲师费用	元	4,000	4,000	4,500
结余	元	0	7,000	9,000

01 首先在 C 列前插入一列,然后选中需要提取单位的B3:B10单元格区域,单击【数据】选项卡中的"分列"按钮。

02 在弹出的对话框中,默认选中了"分隔符号"单选按钮,单击"下一步"按钮,在"其他"输入框中输入"("(全角括号,也就是在中文输入法状态下输入的括号),然后单击"完成"按钮即可。

03 弹出的对话框会询问"此处已有数据。是否替换它?"因为分列功能会将带有单位的标题列分成 2 列,一列是标题,另一列是单位,这也是需要在 C 列前新建一列的原因,不然会覆盖原有数据。此时单击"确定"按钮。

04 得到的结果中已经将单位提取出来了,而且不含有分隔符号"("。

		2017年	2018年	2019年
预算	元)	120,000	147,000	189,000
上课次数	次)	30	35	42
平均讲师费用	元)	4,000	4,200	4,500
费用	元)	120,000	140,000	180,000
增长率	%)	/	17%	29%
上课次数	次)	30	35	40
平均讲师费用	元)	4,000	4,000	4,500
结余	元)	0	7,000	9,000

05 单位中的")"如何去除呢?最快的方式就是选中 C3:C10 区域,使用替换功能,将")"替换成无即可。

2.2.3 把文本日期转换成可计算的日期格式

在本案例中，F 列为日期列。虽然解读数据的人知道这 8 个数字代表着日期，但对于 Excel 来说，它却不是"日期"，它只是一个"文本"。这会导致"入职日期"无法进行计算，即 Excel 无法算出员工在职时间、工龄等数据。

如果直接将"入职日期"列中的数据修改为"日期"格式，Excel 并不能直接转换。为了让"入职日期"成为 Excel 能理解的"日期"格式，常见的做法是采用日期函数将文本格式转换成日期格式。其实不需要函数，也能够快速实现文本日期转换为日期格式的操作。使用的还是分列功能。

01 选中入职日期列的数据 F5 : F47 区域，单击【开始】选项卡中的"分列"按钮。

02 弹出文本分列向导对话框，在第 1 步和第 2 步中直接单击"下一步"按钮。

03 在文本分列向导的第 3 步中选中"日期"单选按钮，并单击"完成"按钮。

04 此时入职日期列的数据就被转换成了日期格式，但是有部分数据显示为"########"。此时只要双击 F 列和

G 列中间的列间隙，重新调整 F 列的列宽就可以让所有数据在单元格内全部显示。

05 Excel 的日期格式会将"01"改成"1"，由于删除了前方的 0，导致入职日期列的数据长短不一。前面讲过，数据对齐方式应该是"数字居右，非数字居左，长短一样居中"，而日期是从

左至右阅读的"非数字",所以应该设置为左对齐。选中 F5:F48 单元格区域,单击【开始】选项卡中的"左对齐"按钮。

> ┌─ 职场经验 ─
>
> 在职场中,通常遇到 3 种情境时会使用"分列"功能,分别是根据"分隔符号"分列数据,根据"固定宽度"分列数据,以及将文本日期转换为日期格式。

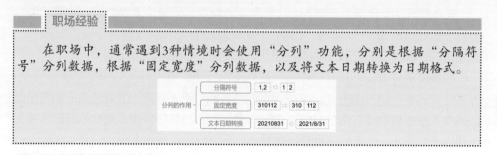

2.3 批量修改单元格就这么简单

在本案例中,"婚姻状态"列中有很多空单元格,这些空单元格都是"未婚",怎样批量修改这些空单元格呢?在工作表中,常见的批量修改操作是怎么样的呢?

2.3.1 不连续空单元格批量填充数据

"婚姻状态"一列中的空单元格是不连续的,要将这些单元格全部填上"未婚",有很多种方法可以实现。

扫码看视频

姓名	身份证	联系方式	婚姻状态	入职日期	入职年份	基本工资	业绩目标
李登峰	220█1198308085485	131████0726	已婚	2018/8/30	2018	3,600	40.0万
陆春华	500█196507203446	18392435208	未婚	2020/6/15	2020	3,360	56.5万
施振宇	500█196507203446	13285370418	未婚	2016/4/22	2016	6,400	30.0万
陈铭	210█419670326873X	13147421738	未婚	2020/10/13	2020	5,840	78.5万
王地磊	330█196112126497	18643396032	已婚	2010/1/7	2010	3,500	45.0万
王心宇	310█196902057834	18392004226	未婚	2020/7/4	2020	5,100	65.0万
张小川	411722197202132411	17758963155	未婚	2015/12/22	2015	7,000	20.0万

很多职场人士会先排序,将所有的空单元格集中到一起,然后进行修改。但是这种方法会打乱原有数据的顺序。

如何能够在不打乱原有数据顺序的情况下快速给这些空单元格批量填充数据呢?方法就是先批量选中,然后批量修改。

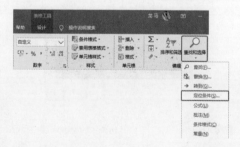

01 选中 E5:E47 单元格区域,单击【开始】选项卡中的"查找和选择"按钮,单击"定位条件"。

02 在弹出的对话框中，选中"空值"单选按钮，单击"确定"按钮。

03 此时"婚姻状态"列中不连续的空单元格都被选中了，并且 E6 单元格为白色，其他单元格为灰色。

04 不单击任意单元格，直接输入"未婚"二字，该文字会在 E6 单元格中显示，此时按"Ctrl+Enter"快捷键，将白色的 E6 单元格内容全部赋给灰色的单元格。

可以把选中的多个单元格看成是一个"团队"，白色单元格可以被理解为是这个"团队"的"队长"，而灰色单元格可以被理解为是这个"团队"的"队员"，直接输入文字时，会修改这个"团队"的"队长"，通过"Ctrl+Enter"快捷键来让"队员"和"队长"一样。

专栏 **填补拆分后的空单元格**

职场中对不连续的空单元格批量填充数据的应用，最常见的就是给拆分后的空单元格填充数据。

比如在产品数据中，区域这一列的单元格通常是合并的，将这些合并的单元格拆分后，产生了很多空单元格，如何给这些空单元格快速填充相应的内容呢？

区域	产品
北京	鞋子
	袜子
	裤子
	衣服
上海	鞋子
	袜子
	手套
深圳	帽子
	领带
	皮带

区域	产品
北京	鞋子
	袜子
	裤子
	衣服
上海	鞋子
	袜子
	手套
深圳	帽子
	领带
	皮带

区域	产品
北京	鞋子
北京	袜子
北京	裤子
北京	衣服
上海	鞋子
上海	袜子
上海	手套
深圳	帽子
深圳	领带
深圳	皮带

此时可以采用不连续的空单元格批量填充数据的方法。

01　打开"填补拆分单元格.xlsx"文件，选中 B4:B12 区域，单击【开始】选项卡中的"查找和选择"按钮，单击"定位条件"按钮，选中"空值"单选按钮并单击"确定"按钮。

02　选中了表格中的空单元格后发现，B4:B6 单元格区域是北京，B8:B9 单元格区域是上海，B11:B12 单元格区域是深圳，无法输入同样的数据。但是通过寻找这些空单元格的规律可以发现，它们与它们上一个单元格的内容相同。

区域	产品
北京	鞋子
北京	袜子
北京	裤子
北京	衣服
上海	鞋子
上海	袜子
上海	手套
深圳	帽子
深圳	领带
深圳	皮带

03　根据这个规律，找到当前所有空单元格的"队长"B4，它的上一个单元格是 B3，在 B4 单元格中输入"=B3"，然后按"Ctrl+Enter"快捷键，让作为"队员"的其他空单元格都应用该设置。B4 单元格的值是"=B3"，而 B3 单元格的值是"北京"，所以 B4 也显示为"北京"；B5 单元格的值是"=B4"，而 B4 单元格显示为"北京"，所以 B5 也显示为"北京"；B8 单元格的值是"=B7"，而 B7 单元格的值是"上海"，所以 B8

也显示为"上海"。

04　通过这种方式完成空单元格的填充后，发现 B4 显示的是"北京"，但是它的值是"=B3"。

这样不利于后期的数据操作，需要将它真正地变成"北京"这样的文本数据。可以使用 Excel 中的"粘贴为值"来解决。

05　选中 B3:B12 单元格区域，单击鼠标右键，单击"复制"，然后再单击鼠标右键，单击"值"按钮，此时所有单元格的值都是文本数据了。

2.3.2　使用自动填充复制数据

除了不连续的空单元格批量填充数据外，在职场中对批量单元格的修改最常用的就是"自动填充"功能。它主要有三大作用：复制数据、填充序列、填充日期。

在前文中已经将使用了"复制数据"的功能完成了日期列的复制。同样，在本案例中，需要新建一列"身体状况"，该列的数据都是"良好"，此时也需要使用"复制数据"功能。

首先在 G 列前新建一列，这样可以用文字列把数字列隔开，将列名修改为"身体状况"，并在 G5 单元格输入"良好"。将鼠标指针移动到 G5 单元格的右下角，当鼠标指针变成"十"字时，向下拖曳即可完成数据的复制。

这种复制数据的方法有个问题，当数据行较多时，整个拖曳的时间非常长，有一种方法可以瞬间完成自动填充，那就是双击"十"字。

双击"十"字就是让 Excel 帮你完成拖曳动作，让鼠标指针自动到达数据表的底部，不管数据表有多长，都可以瞬间完成。由于 G 列的数据是长短一样的，根据"数字居右，非数字居左，长短一样居中"的数据显示方法，将 G 列数据居中对齐，并设置自动列宽。

2.3.3　通过拖曳就自动出现数据序列

本案例中需要给员工排班，要求每天都有一个人在公司值晚班。为了方便管理，

需要设置排班编号和排班日期两列。

姓名 \ 类目	身份证	联系方式	婚姻状态	入职日期	身体状况	入职年份	基本工资	业绩目标	排班编号	排班日期
李登峰	220█01198308085485	131█890726	已婚	2018/8/30	良好	2018	3,600	40.0万	01	2021/1/1
陆春华	500█01196507206364	1838█415208	未婚	2020/6/15	良好	2020	3,360	56.5万	02	2021/1/2
陈振宇	500█01196507203446	1325█70418	未婚	2016/4/22	良好	2016	6,400	30.0万	03	2021/1/3
钟铭	210█01198703265873X	1314█421738	已婚	2020/10/13	良好	2020	5,840	78.5万	04	2021/1/4
王弛露	330█01196112126497	1864█386032	已婚	2010/1/7	良好	2010	3,500	45.0万	05	2021/1/5
王心宇	310█01196902057834	1838█004226	已婚	2020/7/4	良好	2020	5,100	65.0万	06	2021/1/6
张小川	411█22197202132411	1775█663155	未婚	2015/12/22	良好	2015	7,000	20.0万	07	2021/1/7
赵英	370█01196407281817	1869█14449	已婚	2011/6/5	良好	2011	3,500	30.0万	08	2021/1/8
林小玲	341█01196510306265	1886█881291	离异	2013/5/17	良好	2013	4,000	45.0万	09	2021/1/9

"排班编号"列就是从 1 开始的自然数序列，为什么要使用"01,02,03"而不使用"1,2,3"呢？因为如果使用了"1,2,3"，则数字需要右对齐，与旁边左对齐的排班日期紧贴在一起，容易出现数据的误读。

姓名 \ 类目	身份证	联系方式	婚姻状态	入职日期	身体状况	入职年份	基本工资	业绩目标	排班编号	排班日期
李登峰	220█01198308085485	131█890726	已婚	2018/8/30	良好	2018	3,600	40.0万	1	2021/1/1
陆春华	500█01196507206364	1838█415208	未婚	2020/6/15	良好	2020	3,360	56.5万	2	2021/1/2
陈振宇	500█01196507203446	1325█70418	未婚	2016/4/22	良好	2016	6,400	30.0万	3	2021/1/3
钟铭	210█01198703265873X	1314█421738	已婚	2020/10/13	良好	2020	5,840	78.5万	4	2021/1/4
王弛露	330█01196112126497	1864█386032	已婚	2010/1/7	良好	2010	3,500	45.0万	5	2021/1/5
王心宇	310█01196902057834	1838█004226	已婚	2020/7/4	良好	2020	5,100	65.0万	6	2021/1/6
张小川	411█22197202132411	1775█663155	未婚	2015/12/22	良好	2015	7,000	20.0万	7	2021/1/7
赵英	370█01196407281817	1869█14449	已婚	2011/6/5	良好	2011	3,500	30.0万	8	2021/1/8
林小玲	341█01196510306265	1886█881291	离异	2013/5/17	良好	2013	4,000	45.0万	9	2021/1/9

如何能够在排班编号这一列中新建一个"01,02,03"的序列呢？首先在 K4 单元格输入"排班编号"，表格会自动将 K 列作为表数据，套用隔行变色的样式。然后在 K5 单元格输入"01"，此时 Excel 会自动去除"01"前的"0"，因为 Excel 是把它当作数字来看待的。

也许你会想到将单元格设置为"文本"格式，这的确是一个好方法，但其实还有一个快捷地将单元格设置为文本格式的方法，即在数据前加"单引号"。在 K5 单元格中输入"'01"，当按 Enter 键时，"单引号"将自动消失，而且当前单元格变成了文本格式。

然后将鼠标指针移动到 K5 单元格右下角，双击"十"字即可将 K 列填充为数字增加的序列。最后将 K 列的对齐方式修改为居中即可。

2.3.4 让 Excel 来完成复杂的排班

Excel 除了可以填充数字序列的"01,02,03"以外，还可以填充日期序列，比如本案例中的排班日期。

类目 姓名	身份证	联系方式	婚姻状态	入职日期	身体状况	入职年份	基本工资	业绩目标	排班编号	排班日期
李登峰	220***198308085485	131***0726	已婚	2018/8/30	良好	2018	3,600	40.0万	01	2021/1/1
陆春华	500***196507206364	183***5208	未婚	2020/6/15	良好	2020	3,360	56.5万	02	2021/1/2
施振宇	500***196507203446	132***0418	未婚	2016/4/22	良好	2016	6,400	30.0万	03	2021/1/3
陈格	210***19870326873X	131***1738	已婚	2020/10/13	良好	2020	5,840	78.5万	04	2021/1/5
王驰嘉	330***196112126497	186***6032	已婚	2010/1/7	良好	2010	3,500	45.0万	05	2021/1/6
王心宇	310***196902057834	183***4226	已婚	2020/7/4	良好	2020	5,100	65.0万	06	2021/1/7
张小川	411***197202132411	177***3155	未婚	2015/12/22	良好	2015	7,000	20.0万	07	2021/1/7
赵英	370***196407281817	186***4449	已婚	2011/6/5	良好	2011	3,500	30.0万	08	2021/1/8
林小玲	341***196510306265	188***1291	离异	2013/5/17	良好	2013	4,000	45.0万	09	2021/1/9

在 L4 单元格输入"排班日期"，并在 L5 单元格输入"2021/1/1"，单元格会自动变成"日期"格式，然后将鼠标指针移动到 L5 单元格的右下角，双击"十"字即可完成日期的填充。

默认的日期填充是包含周六周日的，而实际情况下周六周日是不需要值班的，如何能让排班时间跳过周末，只有周一到周五呢？单击该列最下方的按钮，选择"以工作日填充"即可。

此时已完成了整个数据表的数据内容的填充，而 K4 单元格因为是新插入列，其两边有边框，这时只需打开【开始】选项卡中的"边框"下拉列表，单击"无框线"即可。然后将标题设置为 B2:L2 的跨列居中。

日期还能显示"星期几"

日期虽然设置了"以工作日填充"，但是工作日的"星期一""星期二"等没有办法看到，如果能够将"星期几"可视化地直接显示在数据表中，可以大大增加表格数据的可读性。

类目 姓名	身份证	联系方式	婚姻状态	入职日期	身体状况	入职年份	基本工资	业绩目标	排班编号		排班日期
李登峰	220***198308085485	131***0726	已婚	2018/8/30	良好	2018	3,600	40.0万	01	星期五	2021/1/1
陆春华	500***196507206364	183***5208	未婚	2020/6/15	良好	2020	3,360	56.5万	02	星期一	2021/1/4
施振宇	500***196507203446	132***0418	未婚	2016/4/22	良好	2016	6,400	30.0万	03	星期二	2021/1/5
陈格	210***19870326873X	131***1738	已婚	2020/10/13	良好	2020	5,840	78.5万	04	星期三	2021/1/6
王驰嘉	330***196112126497	186***6032	已婚	2010/1/7	良好	2010	3,500	45.0万	05	星期四	2021/1/7
王心宇	310***196902057834	183***4226	已婚	2020/7/4	良好	2020	5,100	65.0万	06	星期五	2021/1/8
张小川	411***197202132411	177***3155	未婚	2015/12/22	良好	2015	7,000	20.0万	07	星期一	2021/1/11
赵英	370***196407281817	186***4449	已婚	2011/6/5	良好	2011	3,500	30.0万	08	星期二	2021/1/12
林小玲	341***196510306265	188***1291	离异	2013/5/17	良好	2013	4,000	45.0万	09	星期三	2021/1/13

第1行日期前的"星期五"是如何生成的呢？如果采用手动输入的方式，单元格就变成了"文本"格式，无法进行日期的计算。其实只需要将单元格格式修改为"显示星期的日期"格式即可。

01 选中 L5:L47 区域，单击【开始】选项卡中的"数字格式"右侧的下拉箭头，单击"其他数字格式"选项。

02 在弹出的对话框中，单击"自定义"，并在日期的"yyyy/m/d"前增加"aaaa"，并单击"确定"按钮。

为什么要将星期放在日期前，而不是日期后呢？由于日期的长短不一，如果将星期放在日期后，会让文字显得特别混乱。

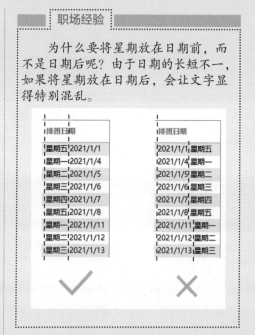

本章讲解了不用函数也能快速处理数据的一些方法，使用这些方法可以确保表格数据的完整准确，最终让表格受人信赖。

第 **3** 章

快速上手数据分析

　　使用 Excel 进行数据分析占据了职场人士很多工作时间。而在使用 Excel 进行数据分析的过程中，很多职场人士都会摸不着头脑："我该做哪些操作才能完成数据分析？"

　　Excel 提供了大量功能，但职场人士并不需要去学习每一个功能，知识只要够用就可以了。要让 Excel 来成就你，而不是你去迁就 Excel。

　　通过排序和筛选，职场人士可以快速对数据进行基本处理，之后就可以准备对大量数据进行分析了。只有从密密麻麻的数据中分析出可以帮助决策的信息，才能让你的工作有价值。

Excel 必修课
——Excel 表格制作与数据分析

3.1 让数据一目了然

对成千上万行的数据进行分析，首先要做的就是让数据一目了然。

3.1.1 使用降序排列提高数据的易读性

在工作中，经常需要对数据进行排序，以便让杂乱无章的数据变得有规律。当数据为数字时，例如金额、数量和年龄等，我们通常关心的都是最大的数值，所以绝大部分的情况是将数字从大到小进行排序，也就是降序排列。

在下图所示的案例中，需要对成本进行降序排列。首先，单击需要排序的列名"成本"，然后在【数据】选项卡中单击"降序"按钮。

此时整张表格的数据都按照成本进行降序排列。

如果需要排序的数据是中文，例如性别、产品名称或者人名时，Excel 会根据中文拼音进行排序。而且根据习惯，大部分情况都是升序排列。例如在下图所示的案例中，对区域进行升序排列。

Excel 会按照拼音的首字母的升序对中文数据进行排列。可"上海"和"深圳"的拼音的首字母都是"S"，Excel 会怎么排序呢？当首字母相同时，Excel 会比较第 2 个字母，如果第 2 个字母相同，会比较第 3 个字母，依此类推，直到字母不同为止。

3.1.2　按照公司的规定进行排序

在实际工作中，数据不一定都按照升序或降序来进行排序。例如在下图所示的案例中，公司的重点区域为北京，然后是上海、广州、深圳和武汉，因此公司希望给数据进行排序时，北京第1、上海第2、广州第3、深圳第4、武汉第5，而这种排序既不属于升序，也不属于降序。如何让 Excel 实现自定义排序呢？

01　首先单击需要排序的列名"区域"，然后在【数据】选项卡中单击"排序"按钮。

02　在"排序"对话框中打开"次序"下拉列表，单击"自定义序列"。

03　"自定义序列"可以让 Excel 根据你的意愿对数据进行排序。在"输入序列"区域中依次输入"北京、上海、广州、深圳、武汉"，并换行隔开。输入完成后，单击右侧的"添加"按钮，然后单击"确定"按钮。

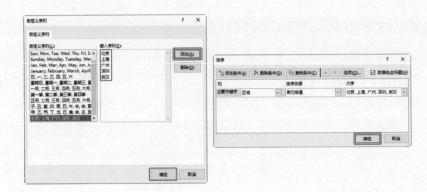

由于"北京、上海、广州、深圳、武汉"这个顺序是公司规定的,会经常使用,难道每次制作表格时都需要重新制作一次"自定义序列"吗?并不用。Excel 将会把这个序列保存到默认文件中,这就意味着,在本台电脑中,打开任何表格,都可以直接选择该排序方式,不需要重复输入。

3.1.3　复杂的数据排序才能凸显你的专业

在本案例中,由于数据较为复杂,需要先按照区域进行排序,然后再按照类别进行排序时,该如何做呢?

此时需要将此表先按照"区域"进行排序,在每个相同的区域中,再按照"类别"进行排序。

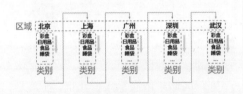

01　单击数据区域中的任意位置,单击【数据】选项卡中的"排序"按钮。

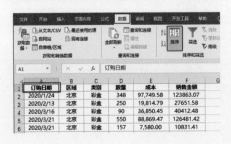

02　通过单击"添加条件"按钮来新增一个排序条件,在"次要关键字"处选择"类别",然后单击"确定"按钮。

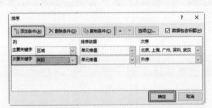

有两个排序条件时,Excel 是如何进行排序的呢?Excel 会把所有数据先按照"区域"分成 5 组,将这 5 组按照公司规定的顺序排列。

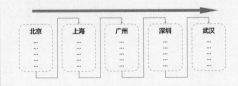

然后在每个小组内将数据按照"类别"进行排序,直至数据全部完成排序。

3.2 茫茫数据中如何寻找你要的那个"它"

在表格中要找到某个数据,一般通过"查找"功能就可以快速定位。可如果条件特殊,使用"查找"功能来寻找就不那么容易了。例如,需要从一堆数据中找到所有的利润项目,在上千名员工中找到职级为"科员"的所有人,或在数百条产品信息中找到数量大于 500 的数据等。

3.2.1 使用"筛选"功能快速找到自己需要的数据

想快速寻找到自己需要的数据,可以使用 Excel 的"筛选"功能。例如本案例中,需要筛选出所有在北京区域销售的产品。

01 单击数据表中的任意单元格,再单击【数据】选项卡中的"筛选"按钮。

02 此时整个表格第 1 行的每个单元格都会出现一个小三角按钮,首先单击

"区域"右侧的小三角按钮,在多个选项中,先取消勾选"(全选)"复选框,然后再勾选"北京"复选框,最终单击"确定"按钮。

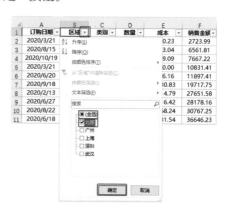

查看数据，此时所有的数据都是"北京"的信息。仔细查看左侧的行号会发现，所有的数字都变成了蓝色。

	A 订购日期	B 区域	C 类别	D 数量	E 成本	F 销售金额	G
2	2020/3/21	北京	彩盒	18	1,510.23	2723.99	
3	2020/8/15	北京	彩盒	16	3,333.04	6561.81	
4	2020/10/19	北京	彩盒	198	6,409.09	7667.22	
5	2020/3/21	北京	彩盒	157	7,580.00	10831.41	
6	2020/6/20	北京	彩盒	198	9,776.16	11897.41	
7	2020/9/18	北京	彩盒	150	16,130.83	19717.75	
8	2020/2/13	北京	彩盒	250	19,814.79	27651.58	
9	2020/6/27	北京	彩盒	152	24,916.42	28178.16	
10	2020/8/22	北京	彩盒	250	25,468.24	30767.25	

这是因为"筛选"功能实际上使用的是将行隐藏的方式，将不满足条件的行进行了隐藏。旁边的行号变成了蓝色，是 Excel 在提醒你"当前看到的数据是筛选后的数据，还有很多数据被隐藏"，防止你遗漏一些重要数据。

3.2.2 选择数量大于 500 的数据

在上一操作中，使用"筛选"功能来筛选"北京"的数据非常方便，但如果要在案例中选择"数量大于 500"的数据该怎么办呢？

单击"数量"右侧的小三角按钮，在打开的列表中可以看到许多数字从小到大排列，难道需要手动地一个个去掉小于 500 的产品吗？

当然不用！我们可以这样操作。

扫码看视频

选择"数字筛选"，单击"大于"，在弹出的对话框中输入"500"，就可以找到"数量大于 500"的数据了。

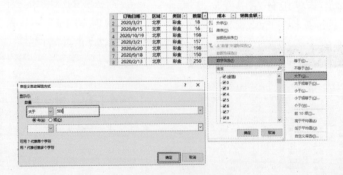

为什么会有"数字筛选"呢？Excel 检测到"数量"这一列的数据都是数字时，就会在筛选功能中添加"数字筛选"。它可以对数字进行"大于"、"小于"或"介于"的常用筛选，还可以满足筛选产品销售金额的"前 10 项""高于平均值""低于平均值"等个性化要求。在"自定义筛选"里，还可以筛选"开头是"或"开头不是"的数据，用于寻找特殊的姓名或产品编号。此外，还可以使用"结尾是""结尾不是""包含""不包含"等特殊条件。

专栏 **筛选中的小陷阱**

仔细查看上一操作的结果，你发现什么问题了吗？

订购日期	区域	类别	数量	成本	销售金额
2020/3/21	北京	彩盒	550	88,869.47	126,481.42
2020/7/19	北京	彩盒	1500	225,401.61	255,707.59
2020/10/22	北京	彩盒	818	83,158.63	106,799.28
2020/12/12	北京	彩盒	818	82,966.87	106,799.28
2020/5/25	北京	睡袋	600	34,342.33	44,109.00
2020/6/30	北京	睡袋	1000	65,748.74	77,891.78
2020/6/30	北京	睡袋	700	41,843.75	50,629.66
2020/6/30	北京	睡袋	600	16,156.10	19,673.24
2020/7/16	北京	睡袋	600	21,108.18	25,904.58
2020/4/28	北京	鞋袜	4700	3,431.00	2,440.61

你所做的操作是筛选"数量大于500"的数据，为什么结果中，"区域"都是"北京"？ Excel 出错了吗？其实是在之前的操作中，我们筛选出了"北京"，而现在筛选"数量大于500"的数据是在"北京"这个条件下完成的，也就是说，上一操作实际是在区域为"北京"的数据中筛选"数量大于500"的数据。

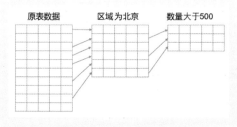

这也就意味着，Excel 每次执行筛选操作的，都不是在原表数据中操作的，而是在前一次筛选结果之上操作的。

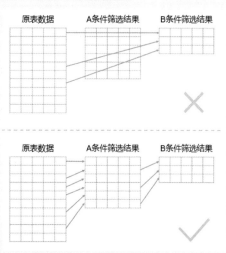

如何能够在原表数据中进行数据筛选呢？这就需要在每次筛选前，都清除前一次的筛选结果。

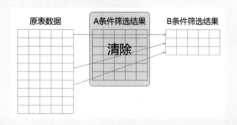

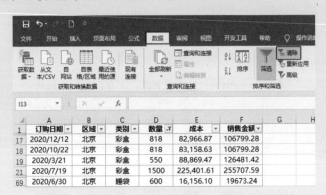

当单击"清除"按钮后，左侧的行号就会从蓝色变回黑色，也就意味着数据回到了最初的状态。此时再进行"数量大于 500"的筛选，就可以得到准确的数据了。

3.2.3　按时间筛选下半年的产品

工作中经常碰到的数据，除了数字格式之外，日期格式是最为常见的了。我们通常需要找到某个时间段内的数据，例如本案例中，需要找到下半年的所有产品。

01　首先要避开筛选中的小陷阱，把筛选结果清除。

02　单击"订购日期"右侧的小三角按钮，此时 Excel 检测到本列为日期格式，所以出现了"日期筛选"。选择"日期筛选"后，再单击"介于"。

03 在文本框中分别输入"2020/7/1"和"2020/12/31"，也可以单击右侧的下拉箭头，在日期选择器中，单击相应的日期，最终单击"确定"按钮。

Excel 提供了各种与日期相关的单位，包括"天""周""月""季度""年"等，还提供了各种定制化的筛选要求，足够满足职场人士的日常工作所需。

3.2.4 筛选出不同项给上司过目

在实际工作中，常常需要统计数据表中有多少个不同项。就像在本案例中，需要在原表的 588 条数据中找出本公司共有多少种类的产品。该如何操作呢？

有经验的职场人士也许会点开"类别"列的筛选按钮，这样就能看到所有的数据了，但是这些数据无法复制。

如何能够筛选出"类别"的不同项，并且是可以复制的呢？

01 首先清除上一操作的筛选结果，然后单击【数据】选项卡中的"高级"按钮。

02 在弹出的对话框中单击"列表区域"文本框，选择数据表中的"C 列"，勾

选"选择不重复的记录"复选框，并单击"确定"按钮。

"列表区域"文本框所填入的信息就是你告诉 Excel "那个数据需要找不同项"。Excel 会将 C 列，也就是"类别"中的不同项筛选出来。

需要注意的是，筛选结果罗列了不同的类别，但其他数据没有实际意义。

专栏　复制筛选结果没那么容易

上一操作将本案例数据中"类别"的所有不同项筛选出来了，现在要将其复制到 H 列单元格。

操作后会发现，明明复制了 6 个单元格，为什么粘贴后的结果只有 2 个呢？

这是因为筛选是"将其他不需要的行隐藏"的操作，表格第 3~21 行被隐藏了，而复制的结果保存在 H1:H6 单元格区域，所以部分数据无法显示。

	A	B	C	D	E	F	G	H
1	订购日期	区域	类别	数量	成本	销售金额		彩盒
2	2020/3/21	北京	彩盒	18	1,510.23	2723.99		服装
22	2020/9/24	北京	服装	60	18,667.47	17794.93		
25	2020/5/31	北京	日用品	180	11,660.44	13673.35		
34	2020/3/21	北京	食品	18	1,430.33	2400.86		
52	2020/6/30	北京	睡袋	120	1,862.41	2848.61		
90	2020/5/31	北京	鞋袜	100	28.25	51.93		

第3~21行被隐藏

此时需将隐藏的行显示出来，也就是将筛选"清除"，即可看到所有类别的不同项。

N607

	A	B	C	D	E	F	G	H
1	订购日期	区域	类别	数量	成本	销售金额		彩盒
2	2020/3/21	北京	彩盒	18	1,510.23	2723.99		服装
3	2020/8/15	北京	彩盒	16	3,333.04	6561.81		日用品
4	2020/10/19	北京	彩盒	198	6,409.09	7667.22		食品
5	2020/3/21	北京	彩盒	157	7,580.00	10831.41		睡袋
6	2020/6/20	北京	彩盒	198	9,776.16	11897.41		鞋袜
7	2020/9/18	北京	彩盒	150	16,130.83	19717.75		
8	2020/2/13	北京	彩盒	250	19,814.79	27651.58		类别的不同项
9	2020/6/27	北京	彩盒	152	24,916.42	28178.16		
10	2020/8/22	北京	彩盒	250	25,468.24	30767.25		
11	2020/6/18	北京	彩盒	200	31,731.54	36646.23		
12	2020/3/16	北京	彩盒	90	36,850.45	40412.48		
13	2020/9/14	北京	彩盒	352	46,321.58	48829.99		
14	2020/5/25	北京	彩盒	350	52,462.78	60392.10		
15	2020/4/28	北京	彩盒	300	64,904.99	65740.66		
16	2020/3/23	北京	彩盒	110	81,133.06	88047.39		

3.2.5 如何根据超级复杂的条件进行筛选

在工作中，你也许会为了解决公司中的单身员工情感问题，而需要寻找年龄在 30 岁以下的男性单身员工和年龄在 28 岁以下的女性单身员工，或者想将上半年的 A 产品的销售情况和下半年的 B 产品的销售情况进行比较。对于这样复杂的条件，在 Excel 中如何进行筛选呢？

例如在本案例中，需要筛选在北京区域数量大于 800 的产品或上海区域数量大于 900 的产品。

（区域为**北京** 且 数量大于**800**）或 （区域为**上海** 且 数量大于**900**）

如果按照普通的筛选方法，"区域"可以筛选为"北京"和"上海"，但数量却无法设置成两个选项。像这样复杂的筛选条件就需要用到 Excel 的"高级"功能了。

首先，需要设置条件，在 Excel 的 J10 单元格位置创建以下表格。

区域	数量
北京	>800
上海	>900

表格中的第 1 行为列名，内容必须与原数据表中的内容相同，否则 Excel 将无法匹配到相关列。

第 2 行表示区域是北京，且数量大于 800。第 3 行表示区域是上海，且数量大于 900。第 2 行和第 3 行的关系是"或"。

"且"的关系表示多个条件需要同时满足。"或"的关系表示只要在多个条件中满足其中一个。本案例的意思是：某个产品的区域为北京且数量大于 800，或者某个产品的区域为上海且数量大于 900，这两个条件满足其中一个即可。

定义完条件后，就需要由 Excel 来应用这些条件从源数据中进行筛选。单击【数据】选项卡中的"高级"按钮。

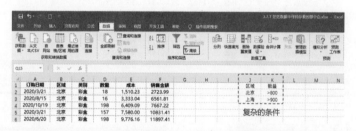

在弹出的对话框中，选中"将筛选结果复制到其他位置"单选按钮，表示最终结果会在新的区域显示；单击"列表区域"文本框，然后按"Ctrl+A"快捷键全选所用的表格数据；在"条件区域"文本框中直接选择刚才已定义的 J1:K3 单元格区域；在"复制到"文本框中，单击 J7 单元格，并勾选"选择不重复的记录"的复选框，最终单击"确定"按钮。

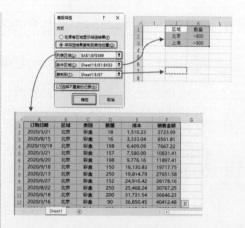

Excel 会将符合条件的结果显示在

J7 单元格。最终数据中会包含"#",但不用担心,这代表"单元格太小,无法显示全部数据",此时选中 J:O 列。双击任意列间隙,即可快速实现自动调整列宽。

选中J:O列,双击

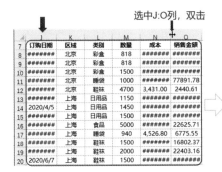

查看最终结果可以发现,Excel 从大量数据中找到了符合复杂的筛选条件的所有数据:区域是北京且数量大于 800,或者区域是上海且数量大于 900。

如果需要满足更复杂的条件,只需要在设置条件时,制作更多的行或列即可。如右图所示,筛选的是北京的产品中数量大于 800 的彩盒,或上海的产品中数量大于 900 的鞋袜,或深圳的产品中数量大于 600 的食品。

区域	类别	数量
北京	彩盒	>800
上海	鞋袜	>900
深圳	食品	>600

专栏　筛选的结果不一定可信

由 Excel 筛选出的结果一定可信吗?我们来做一个实验。

在上一操作中,J7:O20 单元格区域存储了"区域是北京且数量大于 800,或者区域是上海且数量大于 900"的数据,结果有 13 条。

	订购日期	区域	类别	数量	成本	销售金额
8	2020/12/12	北京	彩盒	818	82,966.87	106799.28
9	2020/10/22	北京	彩盒	818	83,158.63	106799.28
10	2020/7/19	北京	彩盒	1500	225,401.61	255707.59
11	2020/6/30	北京	睡袋	1000	65,748.74	77891.78
12	2020/4/28	北京	鞋袜	4700	3,431.00	2440.61
13	2020/7/23	上海	日用品	1150	286,037.11	264205.22
14	2020/4/5	上海	日用品	1450	331,856.46	305484.15
15	2020/4/12	上海	日用品	1500	336,731.78	300105.91
16	2020/6/21	上海	睡袋	940	4,526.80	6775.55
17	2020/4/23	上海	鞋袜	1500	12,081.69	16802.37
18	2020/5/24	上海	鞋袜	2000	12,340.38	22403.16
20	2020/6/7	上海	鞋袜	1500	136,117.03	190946.14

13条

将数据表 D2 单元格的"18"手动修改为"1800"后,发现存储了"区域是北京且数量大于 800,或者区域是上

海且数量大于 900"的单元格区域中仍
然是 13 条数据，没有发生改变。

第 2 行数据，修改前的区域是北京，
数量是 18，不满足条件；但是将数量
修改为 1800 后，满足了"区域是北京
且数量大于 800"的条件，逻辑上，筛
选结果应该会多一条数据，但实际上，
Excel 的筛选结果并没有发生改变。

这是因为 Excel 的筛选是基于原表
数据的，它并不像公式一样会实时改变，
即源数据发生改变，筛选结果不会随之

马上修改。

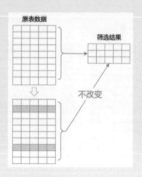

这也就意味着，一个 Excel 的筛选
结果，有可能是源于之前的数据，不一
定是可信的。因此，为了确保准确性，
必须重新操作一次才能得到最新的筛选
结果。

注意，为了让后文的操作不出现错
误，我们这里需要将刚刚修改的数据重
新改为原数据。

3.3 用数据透视表对复杂数据实现准确挖掘

使用分类汇总，将两列作为分类的依据时，得到的结果的数量会很多，不利于
数据的对比和分析。使用数据透视表来完成对两列数据的分类，结果就会非常易于
解读。

数据透视表如下图所示，首先从功能上看，它与复杂的分类汇总一致，使用了"区域"和"类别"两个列对 588 行数据进行分类，并统计了"销售额"的平均值。

平均销售额	类别						
区域	彩盒	服装	日用品	食品	睡袋	鞋袜	总计
北京	6.0万	2.4万	2.3万	1.5万	2.2万	1.1万	2.7万
上海	1.7万	1.4万	9.6万	1.7万	1.5万	2.0万	2.2万
广州	2.4万	4.3万	3.3万	2.3万	1.5万	1.3万	2.4万
深圳	3.2万		1.3万	3.5万	3.9万	1.5万	2.9万
武汉	2.6万		1.3万	2.4万	1.8万	2.1万	2.0万
总计	3.1万	2.3万	3.5万	2.0万	2.2万	1.7万	2.4万

其次从外观上看，结果的行数非常少，加上表头和总计，共 8 行，可以进行一目了然的对比和分析。也就是说，在对大量数据进行复杂分类时，数据透视表的效果完胜分类汇总。

你可以通过数据透视表对"北京"区域的各产品数据进行快速对比，找到平均销售额最大的产品是"彩盒"，最

小的产品是"鞋袜"，从而进行数据分析，使用"取长补短"的决策。

平均销售额	类别						
区域	彩盒	服装	日用品	食品	睡袋	鞋袜	总计
北京	6.0万	2.4万	2.3万	1.5万	2.2万	1.1万	2.7万
上海	1.7万	1.4万	9.6万	1.7万	1.5万	2.0万	2.2万
广州	2.4万	4.3万	3.3万	2.3万	1.5万	1.3万	2.4万
深圳	3.2万		1.3万	3.5万	3.9万	1.5万	2.9万
武汉	2.6万		1.3万	2.4万	1.8万	2.1万	2.0万
总计	3.1万	2.3万	3.5万	2.0万	2.2万	1.7万	2.4万

你也可以通过数据透视表对"食品"在各个区域的销售情况进行快速对比，找到平均销售额最大的在深圳，最小的在北京，从而进行数据分析，使用"取长补短"的决策。

平均销售额	类别						
区域	彩盒	服装	日用品	食品	睡袋	鞋袜	总计
北京	6.0万	2.4万	2.3万	1.5万	2.2万	1.1万	2.7万
上海	1.7万	1.4万	9.6万	1.7万	1.5万	2.0万	2.2万
广州	2.4万	4.3万	3.3万	2.3万	1.5万	1.3万	2.4万
深圳	3.2万		1.3万	3.5万	3.9万	1.5万	2.9万
武汉	2.6万		1.3万	2.4万	1.8万	2.1万	2.0万
总计	3.1万	2.3万	3.5万	2.0万	2.2万	1.7万	2.4万

3.3.1 可视化的数据透视表制作只需要"拖"

扫码看视频

如何快速做出一个这样的数据透视表呢？

01 单击表格中的任意单元格（这样稍后就会自动选择本表数据了），单击【插入】选项卡中的"数据透视表"按钮。

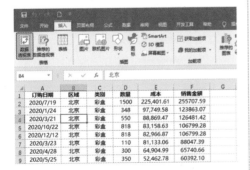

02 在弹出的对话框中，由于之前单击了表格中的任意单元格，所以"表/区域"

已经自动选择了，此时选中"现有工作表"单选按钮，意在告诉 Excel，新建的数据透视表就放在当前表格中，然后将透视表的存放位置指定为"H20"，最终单击"确定"按钮。

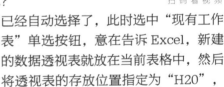

Excel 会在 H20 单元格创建一个空白的数据透视表，如下图所示。

在 Office 2007 之后的版本，数据透视表被更新为更专业的视图，所有的数据必须在右侧的"数据透视表字段"中进行拖曳和设计，有时候操作起来不太方便。

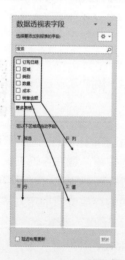

如果不熟悉数据透视表的工作原理，你可能需要花费很长的时间才能灵活运用它；即便已经熟悉了数据透视表的创建，在这个过程中你还是需要集中注意力思考，才能得到想要的结果。

本书将提供一个简单快速的方法来创建数据透视表。

如下图所示，将数据透视表变成一个可以直接拖曳的区域，通过可视化的方法来将复杂的操作简单化。如何完成呢？

01 用鼠标右键单击数据透视表的任意位置，单击"数据透视表选项"。

02 在弹出的对话框中单击【显示】选项卡，勾选"经典数据透视表布局（启用网格中的字段拖放）"复选框，单击"确定"按钮。

此时数据透视表变成了一个可以直接将数据拖曳进入的表格，无须专业知识，只要将右侧的"区域"直接拖曳至"列"，然后将"类别"拖曳至"行"，将销售金额拖曳至"值"即可。

需要申明的是，在本书中，统一将Excel 中的"行字段"称为"列"，因为它的形状更像一列，称它为"列"要比"行字段"更加容易辨识。同样，将"列字段"称为"行"，将"值字段"称为"值"。

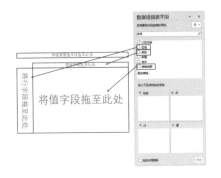

此时，通过简单的拖曳操作就可以完成一个数据透视表的创建。随后，就可以通过数据透视表的左上角来查看当前对销售金额的统计方式。由于 Excel 的不同版本的默认统计方式不同，所以显示的可能是"计数项"或者"求和项"，在下一节中将介绍如何快速修改数据透视表的统计方式。

求和项:销售金额	类别						
区域	彩盒	服装	日用品	食品	睡袋	鞋袜	总计
北京	1205716.067	73122.57993	209891.9448	261761.7577	817252.3028	139596.942	2707341.594
上海	536545.9882	144387.229	1151558.539	1044959.883	664812.2081	906266.0989	4448529.946
广州	336250.9541	172277.0387		585970.931	244294.5548	242292.8648	2825718.839
深圳	599768.2089		114157.8997	345419.0158	1045325.599	243606.6067	2348277.33
武汉	312305.9111		203101.9677	437934.8145	435995.3911	341985.8428	1731323.927
总计	2990587.129	389786.8476	2923342.847	2676046.402	3207680.056	1873748.355	14061191.64

专栏 什么样的表格才能用于制作数据透视表

数据透视表的优势非常明显，它操作简单，而且结果非常利于分析。不过它对原始数据表有以下 3 个要求。

（1）相同属性的数据在同一列。

数据的各个属性以列存放，这是制作数据透视表的基本要求。

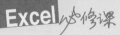

	区域	类别	数量
产品1	上海	彩盒	100
产品2	北京	服装	200
产品3	北京	食品	300

✓

	产品1	产品2	产品3
区域	上海	北京	北京
类别	彩盒	服装	食品
数量	100	200	300

✗

	区域	类别	数量
产品1	上海	彩盒	100
产品2	北京	服装	200
产品3		食品	300
产品4		彩盒	200
产品5	深圳	服装	300
产品6		食品	300

✗

如果原始数据是将相同属性的数据放在一行中，可以使用 Excel 中的"转置"功能，将行和列互换。

首先选中需要行列互换的表格数据并复制，然后在新建的表格中单击鼠标右键，并单击粘贴选项中的"转置"，即可将行和列互换。

（2）无合并单元格。

在工作中，我们经常会采用合并单元格的方式来标记相同值，如下图所示，产品 2 和产品 3 的区域都是"北京"，因此将其合并成一个单元格。但是制作数据透视表时，会把合并的单元格拆分，最终导致产品 3 的区域值为"空"。

为了解决这个问题，需要对这些合并过的单元格进行拆分。但在拆分后产生了很多空格，可以按照 2.3.1 小节介绍的方法为这些单元格快速填充相应的内容。

（3）无计算行混杂。

在原始数据中不能有任何计算行，否则制作数据透视表时，会把这些计算行作为数据进行统计，导致结果错误。

	区域	类别	数量
产品1	上海	彩盒	100
产品2	北京	服装	200
产品3	北京	食品	300
合计			600
产品4	上海	彩盒	200
产品5	北京	服装	400
产品6	北京	食品	200
合计			800

✗ ✗

如何删除这些分散在原始数据中的计算行呢？可以使用"排序"功能，将这些计算行集中到一起，然后统一进行删除。

	区域	类别	数量
产品1	上海	彩盒	100
产品2	北京	服装	200
产品3	北京	食品	300
合计			600
产品4	上海	彩盒	200
产品5	北京	服装	400
产品6	北京	食品	200
合计			800

排序 →

	区域	类别	数量
产品1	上海	彩盒	100
产品2	北京	服装	200
产品3	北京	食品	300
产品4	上海	彩盒	200
产品5	北京	服装	400
产品6	北京	食品	200
合计			600
合计			800

删除

当数据符合"相同属性的数据在同一列"、"无合并单元格"和"无计算行混杂"的要求后，就可以制作数据透视表了。

3.3.2 一键修改数据透视表的统计方式

在上一操作中，我们需要统计销售金额的平均值，如何快速修改数据透视表的统计方式呢？统计方式显示在左上角，直接双击它即可修改。

双击

求和项:销售金额	类别						
区域	彩盒	服装	日用品	食品	睡袋	鞋袜	总计
北京	1205716.067	73122.57993	209891.9448	261761.7577	817252.3028	139596.942	2707341.594
上海	536545.9882	144387.229	1151558.539	1044959.883	664812.2081	906266.0989	4448529.946
广州	336250.9541	172277.0387	1244632.496	585970.931	244294.5548	242292.8648	2825718.839
深圳	599768.2089		114157.8997	345419.0158	1045325.599	243606.6067	2348277.33
武汉	312305.9111		203101.9677	437934.8145	435995.3911	341985.8428	1731323.927
总计	2990587.129	389786.8476	2923342.847	2676046.402	3207680.056	1873748.355	14061191.64

在弹出的对话框的"计算类型"区域中单击"平均值"，并将名称修改为"平均销售额"，最后单击"确定"按钮。

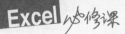
此时数据透视表已经制作完成了：根据"区域"和"类别"将原数据的 588 行进行分类，并统计了"销售金额"的平均值。接下来就是要让数据透视表的外观看上去更易于对比。

平均销售额 区域	类别 彩盒	服装	日用品	食品	睡袋	鞋袜	总计
北京	60285.80334	24374.19331	23321.3272	14542.31987	21506.63955	10738.22631	26805.36232
上海	16767.06213	14438.7229	95963.21159	17130.48988	15460.74903	19701.43693	21806.51934
广州	24017.92529	43069.25967	32753.48673	22537.3435	15268.40968	13460.71471	24359.64517
深圳	31566.74784		12684.21108	34541.90158	38715.76293	15225.41292	28991.07815
武汉	26025.49259		12693.87298	24329.71192	18166.47463	21374.11517	20131.67357
总计	30830.79515	22928.63809	34801.70056	20120.64964	21673.51389	17190.35188	23913.59122

3.3.3　省力地完成数据透视表的美化

数据透视表默认的数字的小数位非常多，非常不利于数据的对比，因此需要将这些数据显示得更精简。

01　选中数据透视表的数字部分，在【开始】选项卡中，单击"数字格式"中的"其他数字格式"。

02　在弹出的对话框中单击"自定义"，并单击之前已经输入的"0!.0,"万""，最后单击"确定"按钮。

完成后的结果如下图所示。

平均销售额	类别 ▼						
区域 ▼	彩盒	服装	日用品	食品	睡袋	鞋袜	总计
北京	6.0万	2.4万	2.3万	1.5万	2.2万	1.1万	2.7万
上海	1.7万	1.4万	9.6万	1.7万	1.5万	2.0万	2.2万
广州	2.4万	4.3万	3.3万	2.3万	1.5万	1.3万	2.4万
深圳	3.2万		1.3万	3.5万	3.9万	1.5万	2.9万
武汉	2.6万		1.3万	2.4万	1.8万	2.1万	2.0万
总计	3.1万	2.3万	3.5万	2.0万	2.2万	1.7万	2.4万

这样的数据透视表虽然看上去已经很不错了，但还是存在如下两个问题。

（1）行数较多时，容易看串行。

（2）右侧行总计容易被误看成普通数据。

为了解决以上两个问题，需要对数据透视表做以下操作。

01 单击数据透视表的任意单元格，单击【设计】选项卡，在"数据透视表样式"下拉列表中单击第 1 行的第 2 个样式。

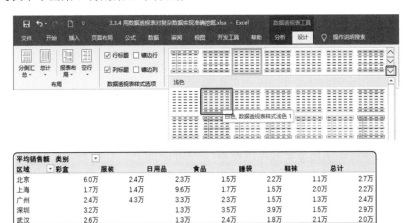

02 全选数据透视表，将字体调整为"微软雅黑"，并调整列宽。

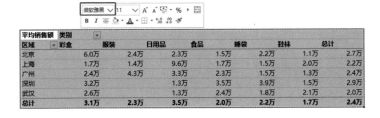

03 虽然数据透视表中的表格边框没有竖线，但是因为所有的数值数据都是右对齐，所以不影响数据的解读。此时需要将列标题居右显示，然后将右侧的行总计的数据加粗，以便与其他数据区分开。

| 平均销售额 类别 | | | | | | |
区域	彩盒	服装	日用品	食品	睡袋	鞋袜	总计
北京	6.0万	2.4万	2.3万	1.5万	2.2万	1.1万	2.7万
上海	1.7万	1.4万	9.6万	1.7万	1.5万	2.0万	2.2万
广州	2.4万	4.3万	3.3万	2.3万	1.5万	1.3万	2.4万
深圳	3.2万		1.3万	3.5万	3.9万	1.5万	2.9万
武汉	2.6万		1.3万	2.4万	1.8万	2.1万	2.0万
总计	3.1万	2.3万	3.5万	2.0万	2.2万	1.7万	2.4万

3.3.4 数据透视表"透视"了什么

数据透视表可以从一大堆数据中选择多个列对数据进行分类，就像是可以"透视"到数据的本质一样，"数据透视表"由此得名。

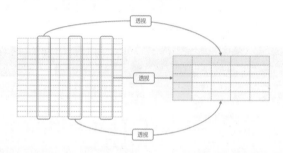

为了解决创建数据透视表的操作烦琐的问题，使数据透视表的制作过程变得简单，可以将数据透视表变成"经典视图"，然后采用直接拖曳的方式完成设置。

你不再需要费脑力去思考数据透视表如何制作，只需要关注对哪些列进行"分类"和"统计"，因为数据透视表和分类汇总一样，只是帮助我们完成"分类"和"统计"的操作，至于选哪几列来"分类"，对哪列数据进行"统计"，是由你来决定的。

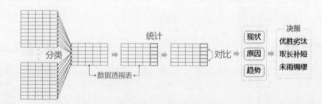

在制作数据透视表时，所有的数据都源于"数据透视表字段"窗口。如果不小心将其关闭，可以用鼠标右键单击数据透视表的任意单元格，再单击最下方的"显示字段列表"命令即可重新打开"数据透视表字段"窗口。

3.3.5 数据透视表的详细信息在哪里

在分类汇总中，我们可以单击"+"，将统计数据的详细信息展开。

提供详细信息的工作表可以删除，而且不会影响原始数据。

但在数据透视表中没有"+"时，如何能够查看每个统计项目的详细数据呢？

双击数据透视表中的任意一个数值，Excel 会自动新建一张工作表，将该统计项目的详细信息罗列出来。这张

专栏 认识 Excel 对"大数据"的分析

　　"大数据"是现在非常流行的专业术语，很多人认为数据很多就是"大数据"。其实不然，"大数据"表示数据体量很大，而它的核心是在许许多多的数据中分析出对我们生活有用的决策信息。就像通过对大数据的分析，发电厂可以估算整个城市下个季度需要多少电，从而合理地进行发电，而不会产生浪费；商家可以根据你的浏览和购买记录来推送你可能需要的产品等。

　　"大数据"的本质不在"大"，而在于"分析"，并将其分析结果作为最终决策的支撑。

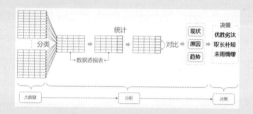

　　而这些正和本书所围绕的数据分析的主题一致，所以当学习完本书后，你就可以真正地掌握"大数据"的本质了。

3.4 数据透视表够专业，才值得信赖

　　数据透视表已经能够帮助我们近乎完美地执行数据分析的前两步——分类和统计，如果再进一步，把数据透视表做得更专业，那么就更可能获得上司和客户的信赖。

3.4.1 排序时把重点对象提前

　　当我们在制作数据透视表时，需要将重点分析的对象放置到第 1 行。例如本案例中各区域的平均销售额，重点区域是上海，所以数据透视表的第 1 行应当是上海的数据，然后依次是北京、深圳、广州和武汉。

　　数据透视表默认是根据数据原来的顺序进行排序的，单击"区域"的筛选按钮会发现, Excel 还提供了"升序"或"降序"两种排列方式。但是在数据透视表中无法使用"排序"功能中的自定义序列,因此想要将上海的数据放在第一行,只能手动拖曳。

01 单击需要拖曳的行标题"上海",此时"上海"的边框会变为绿色,将鼠标指针悬停在绿色边框上,鼠标指针形状变为"十"字形状时,就可以将"上海"进行上下拖曳。

02 用同样的方法也可以拖曳列标题。例如"食品"是今年销售的重点,需要将"食品"放在"值"区域的第 1 列。首先单击"食品",将鼠标指针悬停至"食品"的绿色边框处,然后再将其拖曳至

左边第 1 个位置。

拖曳是为了满足个性化需求,对"区域"和"类别"的顺序进行调整。如果需要对最右侧的行总计和最下方的列总计进行排序,该如何做呢?

03 单击最右侧的行总计中的任意单元格,然后单击【数据】选项卡中的"降序"按钮。

04 此时就对行总计进行了降序排列。如果要对最下方的列总计进行排序,单击列总计中的任意单元格,再次单击【数据】选项卡中的"降序"按钮。

职场经验

　　将两个"总计"都进行降序排列，可以帮助我们快速进行"区域"的对比。深圳是所有城市中平均销售额最高的，武汉是最低的。进一步分析原因，就可以采用"取长补短"的思路来进行决策支撑。例如让深圳的销售总监来分享他的经验、让深圳的各位销售精英到其他区域开展培训等。

平均销售额	类别						
区域	日用品	彩盒	服装	睡袋	食品	鞋袜	总计
深圳	1.3万	3.2万		3.9万	3.5万	1.5万	2.9万
北京	2.3万	6.0万	2.4万	2.2万	1.5万	1.1万	2.7万
广州	3.3万	2.4万	4.3万	1.5万	2.3万	1.3万	2.4万
上海	9.6万	1.7万	1.4万	1.5万	1.7万	2.0万	2.2万
武汉	1.3万	2.6万		1.8万	2.4万	2.1万	2.0万
总计	3.5万	3.1万	2.3万	2.2万	2.0万	1.7万	2.4万

最大值→原因→取长
最小值→原因→补短

　　同样的，对"类别"进行对比，发现平均销售额最高的是"日用品"，最低的是"鞋袜"。进一步分析原因，也可以采用"取长补短"的思路来进行决策支撑。

平均销售额	类别						
区域	日用品	彩盒	服装	睡袋	食品	鞋袜	总计
深圳	1.3万	3.2万		3.9万	3.5万	1.5万	2.9万
北京	2.3万	6.0万	2.4万	2.2万	1.5万	1.1万	2.7万
广州	3.3万	2.4万	4.3万	1.5万	2.3万	1.3万	2.4万
上海	9.6万	1.7万	1.4万	1.5万	1.7万	2.0万	2.2万
武汉	1.3万	2.6万		1.8万	2.4万	2.1万	2.0万
总计	3.5万	3.1万	2.3万	2.2万	2.0万	1.7万	2.4万

最大值　　　　　　最小值
↓　　　　　　　　↓
原因　　　　　　　原因
↓　　　　　　　　↓
取长　　　　　　　补短

　　以上是对"总计"进行排序，如果需要对某个城市或某个产品类别进行排序呢？

　　例如，需要将"食品"降序排列，单击"食品"列的任意单元格，单击【数据】选项卡中的"降序"按钮。

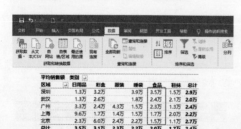

　　数据透视表将"食品"这一列进行降序排列。对比各区域数据，发现深圳的平均销售额最高，最低的是北京。公司可以进一步分析原因，寻找相关的营销和销售数据，分析为什么同一个产品在不同区域的销售会有如此大的差距，并对下一年度的产品销售策略进行相应的调整。

平均销售额	类别						
区域	日用品	彩盒	服装	睡袋	食品	鞋袜	总计
深圳	1.3万	3.2万		3.9万	3.5万	1.5万	2.9万
武汉	1.3万	2.6万		1.8万	2.4万	2.1万	2.0万
广州	3.3万	2.4万	4.3万	1.5万	2.3万	1.3万	2.4万
上海	9.6万	1.7万	1.4万	1.5万	1.7万	2.0万	2.2万
北京	2.3万	6.0万	2.4万	2.2万	1.5万	1.1万	2.7万
总计	3.5万	3.1万	2.3万	2.2万	2.0万	1.7万	2.4万

　　单击数据透视表的任意一个单元格，进行降序排列时，默认的是对"列"进行降序，Excel无法对"行"进行排序，也就是无法看到在北京这一区域，哪种产品的平均销售额最高，这是数据透视

表的一个缺点。如果想实现以上功能，可以新建一个数据透视表，将"区域"作为列标题，"类别"作为行标题，此时就可以查看北京这一区域，哪种产品的平均销售额最高了。

3.4.2 让无项目数据的单元格显示为"/"

在数据透视表中，某些单元格是空值，也就意味着此处没有数据。

平均销售额	类别 ↓						
区域 ↓	日用品	彩盒	服装	睡袋	食品	鞋袜	总计
深圳	1.3万	3.2万		3.9万	3.5万	1.5万	**2.9万**
武汉	1.3万	2.6万		1.8万	2.4万	2.1万	**2.0万**
广州	3.3万	2.4万	4.3万	1.5万	2.3万	1.3万	**2.4万**
上海	9.6万	1.7万	1.4万	1.5万	1.7万	2.0万	**2.2万**
北京	2.3万	6.0万	2.4万	2.2万	1.5万	1.1万	**2.7万**
总计	**3.5万**	**3.1万**	**2.3万**	**2.2万**	**2.0万**	**1.7万**	**2.4万**

把这样的数据透视表呈给上司看时，由于上司不一定懂数据透视表，所以他的反应可能会是："为什么服装在深圳和武汉的数据没有统计？"

为了避免发生这样的误会，我们需要将数据透视表中没有数据的部分填充上"/"，代表所有的数据都被统计分析了，只是某些数据为空而已。

此处不建议填充"0"，因为"0"的意思可能是"我们已经开展了销售工作，但是业绩为0"，这样会产生歧义。而"/"的意思就很明确："我们在那些区域没有开展销售工作。"

当我们在空白区域手动输入"/"时，Excel 会弹出警告，显示"无法更改数据透视表的这一部分"。

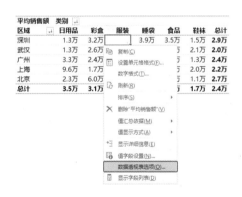

这表示数据透视表的数据由原始数据计算而来，是无法修改的，那该怎么办呢？可以用鼠标右键单击数据透视表的任意单元格，在弹出的快捷菜单中单击"数据透视表选项"命令。

弹出"数据透视表选项"对话框，在"对于空单元格，显示"输入框中输入"/"。

设置完成后的数据透视表，在无数据的部分都填充了"/"，但"/"默认的是左对齐，与其他数据的右对齐不一致，会使数据透视表不易读。最好选择这两个另类的"/"，将它们单独设置为右对齐。

平均销售额	类别						
区域	日用品	彩盒	服装	睡袋	食品	鞋林	总计
深圳	1.3万	3.2万	/	3.9万	3.5万	1.5万	2.9万
武汉	1.3万	2.6万	/	1.8万	2.4万	2.1万	2.0万
广州	3.3万	2.4万	4.3万	1.5万	2.3万	1.3万	2.4万
上海	9.6万	1.7万	1.4万	1.5万	1.7万	2.0万	2.2万
北京	2.3万	6.0万	2.4万	2.2万	1.5万	1.1万	2.7万
总计	3.5万	3.1万	2.3万	2.2万	2.0万	1.7万	2.4万

3.4.3 隐藏不需要对比分析的数据

为了让需要对比分析的数据更突出，我们可以隐藏无关数据，从而减少注意力的分散。

上文提到数据透视表中的数据无法修改，但却可以隐藏。例如，在本案例中，我们只希望对北京、上海、广州和深圳的彩盒和食品的平均销售额进行对比分析。

平均销售额	类别	
区域	彩盒	食品
深圳	3.2万	3.5万
广州	2.4万	2.3万
上海	1.7万	1.7万
北京	6.0万	1.5万
总计	3.2万	1.9万

01 单击"区域"旁边的筛选按钮，取消勾选"武汉"复选框，单击"确定"按钮。

02 单击"类别"旁边的筛选按钮，取消勾选"全选"复选框，仅勾选"彩盒"与"食品"复选框。

03 新建数据透视表时会自动添加行总计和列总计。此时用鼠标右键单击需要删除的行总计，在弹出的快捷菜单中单击"删除总计"命令。

3.4.4 将数据透视表变成易于对比的图表

数据透视表协助我们对 588 行数据进行分类和统计，接下来就要对这些数据进行对比。以下提供了两种视图，哪种更容易进行数据对比呢？

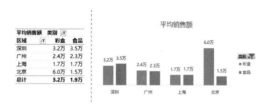

数据分析的第 3 步是对比。传统的数据显示方式需要通过大脑计算来得出谁是最大值、谁是最小值，而通过图表，则可以一眼就看出谁是最大值，谁是最小值。这种图表叫作"数据透视图"。如何能够快速制作右图所示的图表呢？

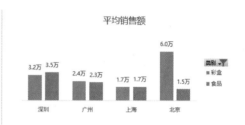

`01` 单击数据透视表的任意单元格，然后找到【分析】选项卡，单击"数据透视图"按钮，在弹出的对话框中，默认选中的是"簇状柱形图"，直接单击"确定"按钮。

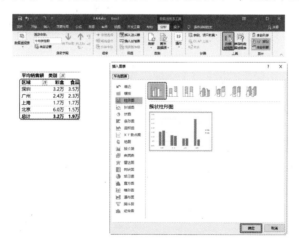

`02` 将数据透视图拖曳到数据透视表的右侧，用鼠标右键单击任意蓝色柱形条，在弹出的快捷菜单中单击"添加数据标签"命令；然后再用鼠标右键单击任意橙色柱形条，在弹出的快捷菜单中单击"添加数据标签"命令。

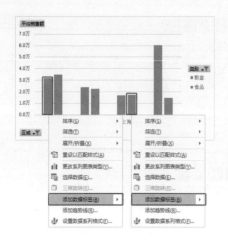

03 将图表中不需要的信息删除。单击坐标轴和任意网格线，然后按"Delete"键。

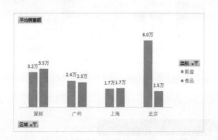

04 为了提升图表的观赏性，需要将柱形图"变胖"。用鼠标右键单击任意柱形条，在弹出的快捷菜单中单击"设置数据系列格式"命令。

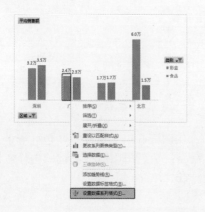

05 在弹出的对话框中，将"系列重叠"设置为"-10%"，"分类间距"设置为"100%"。"系列重叠"是蓝色柱形条与橙色柱形条的间距，"分类间距"是各区域之间的间距。

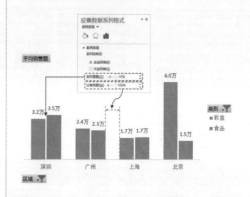

06 为数据透视图添加标题。部分版本的 Excel 不会自动添加数据标题，可以单击【设计】选项卡中的"添加图表元素"按钮，单击"图表标题"中的"图表上方"。

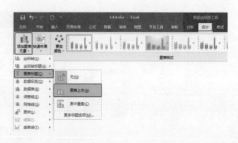

07 将字体修改为"微软雅黑"，即可完成数据透视图的所有设置。

"数据透视图"和"普通图表"有什么区别呢？单击下方的"区域"按钮，选择全部数据，然后单击"类别"按钮，勾选"彩盒"与"日用品"复选框。

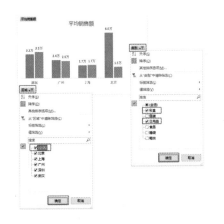

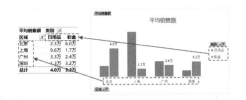

从以上操作可以得出两个结论。

（1）数据透视图可以直接筛选数据。

（2）数据透视图和数据透视表是实时同步的。

不过修改之后的数据透视图需要重新为柱形条添加数据标签，并重新设置字体。

数据透视图直接发生了改变，而且数据透视表也一起发生了变化。

职场经验

在做数据分析时，通常会由数据透视表来完成分类和统计，由数据透视图来完成对比。这样可以提高数据分析的效率，快速完成对现状、原因和趋势的分析，以实现对决策的支撑。

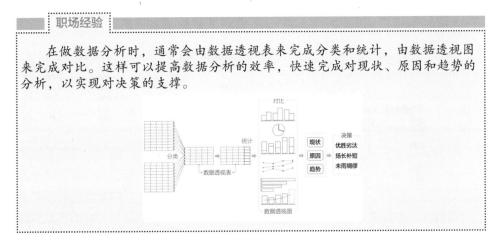

3.4.5 在数据透视图上显示所有信息

为什么要为数据透视图添加标题呢？数据透视表和数据透视图的左上角不都已经显示了标题吗？

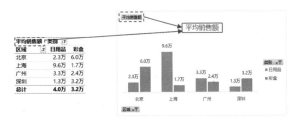

因为在用 PPT 进行数据分析报告的展示时，通常只会出现数据透视图，而且为了美观会将左上角的按钮删除，所以需要为每个数据透视图添加标题。

同样的，因为数据透视表不会出现在 PPT 版的数据分析报告中，所以要将数据透视表中的信息都尽可能地放到数据透视图中，把数据透视表中的数据

以数据标签的形式放到数据透视图中。

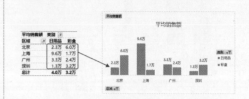

当数据较多时，还会使用数据表的形式将数据信息加入数据透视图中。

3.4.6　不能轻易相信数据透视表

我们使用数据透视表，就是因为它可以帮助我们准确地进行分类和统计，它做的数据计算是准确可信的。但如果我告诉你，数据透视表的数据不能轻易相信，你是否会吓一大跳呢？

查看下图所示的数据透视表，北京区域的彩盒平均销售额为 6.0 万元。

平均销售额	类别
区域	日用品	彩盒
北京	2.3万	6.0万
上海	9.6万	1.7万
广州	3.3万	2.4万
深圳	1.3万	3.2万
总计	4.0万	3.2万

此时修改数据表中的 F3 单元格，将其数据改为 123.9 万元。

	A	B	C	D	E	F
1	订购日期	区域	类别	数量	成本	销售金额
2	2020/7/19	北京	彩盒	1500	225,401.61	25.6万
3	2020/1/24	北京	彩盒	348	97,749.58	12.4万

	A	B	C	D	E	F
1	订购日期	区域	类别	数量	成本	销售金额
2	2020/7/19	北京	彩盒	1500	225,401.61	25.6万
3	2020/1/24	北京	彩盒	348	97,749.58	123.9万

此时再观察数据透视表，发现数据透视表的北京区域的彩盒的平均销售额仍然是 6.0 万元，没有发生改变。

这数据明显统计错误，难道数据透视表的数据都不可信了吗？其实这是原表数据发生改变时，数据透视表没有更新造成的。可以用鼠标右键单击数据透视表的任意单元格，在弹出的快捷菜单中单击"刷新"命令，此时，数据透视表的数据就可以正确显示了。（位置发生改变是列总计降序排列导致的。）

这也就意味着，数据透视表是无法实时反映原始数据的。那么为了保证数据透视表的真实性，当你看到任何一张数据透视表时，第一反应并不是直接去对比，而是先要进行手动刷新。

数据透视表  刷新 ➡ 对比数据

Excel 为什么不让数据透视表实时刷新呢？因为数据透视表需要经过大量计算，如果原始数据一有变化，它就重新计算一次，那么 Excel 将会频繁地计算，导致计算机资源的浪费，使系统变得迟缓。所以 Excel 对数据透视表刷新的理念是：原始数据全部修改完后，再手动刷新。这样就只需计算一次，而不是计算多次。

难道每次看到数据透视表就必须要刷新吗？Excel 可以将数据透视表设置为每次打开工作表时，就自动刷新数据透视表。这样就代表着，打开数据透视表时其内容就是最新的，而不需要手动刷新。具体操作如下。

用鼠标右键单击数据透视表的任意单元格，在弹出的快捷菜单中单击"数据透视表选项"命令。

在打开的对话框中切换至【数据】选项卡，勾选"打开文件时刷新数据"复选框，最后单击"确定"按钮。

如果你希望每修改一个数据，数据透视表都会实时更新，这需要有一个前提：你使用的计算机的配置非常高。如果能达到这个要求，那么就可以通过设置"VBA"来实现实时更新。

为了能让后续的操作数据可信，需要将前面修改的 123.9 万元改回原数据。

"沈老师，我想学习 VBA"，已经有很多个学员这样向我讨教。我的回应是"你学习 VBA 的目的是什么"，而得到的回答都是"我想成为 Excel 高手"。

学习 VBA 就一定能使你成为高手吗？成为高手的目的是什么？学习完 VBA，只是多了一项解决问题的手段，而这个手段使用的概率极低，但是你却需要花费大量的精力去学习。就像你家有一台冰箱，它可能会出现故障，但你有必要花费一个礼拜的时间去学习冰箱的维修吗？

VBA 可以理解为"编程"，Excel 中所有的功能都基于这种"编程"。在我们单击文字加粗按钮时，Excel 执行的其实是一段程序，也就是说，文字加粗也是由 VBA 生成的。

不是所有人都会编程，所以 Excel 将大部分常用的功能都通过按钮的方式来呈现，例如需要文字居中显示，只要单击"居中"按钮就可以了；需要创建图表，只要按照步骤一步步完成就行了。Excel 使用按钮消除了用户自己手动编程的痛苦，而所有的按钮都在上方的各个选项卡中。通常只有极小一部分个性化的功能需求，需要使用 VBA。

重新审视一下你是否需要学习 VBA：你的精力是有限的，你可以选择以下两个方案。

> 方案A   花大量精力学习VBA，解决极少问题
>
> 方案B   不学VBA，把精力花费在解决更多问题上

在工作和生活中，我们是以解决问题为导向的，同时，我们的精力有限，还要分摊在工作、家庭、生活、娱乐等各个方面，所以我们的目标应该是用更少的精力来解决更多的问题。

从认知角度来讲，哪怕现在学习了那些很"高端"的技能，但是由于这些技能在工作中极少被用到，作为知识储备，由于没有被使用和重复，也会慢慢被忘记。回想一下，我们在学校里学的"拉格朗日中值定理"还记得吗？生石灰和熟石灰的化学方程式还记得吗？

本书就是围绕这个宗旨，提供只需要花费少量精力就能解决问题的方案和数据分析的思路。

第**4**章

不背函数也能玩转Excel

在职场中，Excel 函数一直被认为是较难掌握的。因为函数的数量很多，而且使用起来非常麻烦，甚至一些Excel高手也会告诉你："你需要背函数。"这种观点是不正确的，本章就来讲解如何不背函数就能玩转 Excel。

4.1 Excel 函数，你并不陌生

在数据处理中的 5 个基础常用函数
如右图所示。本章将教你在使用很便捷
的方法来完成你所要的效果。

4.1.1 Excel 右下角快速显示统计数据

在职场中经常要对部分数据进行求
和、计算平均值和计数，例如需要计算
特定产品的售价总和，需要统计特定人
员的平均年龄等。Excel 为了帮助我们
快速地解决常见的数据统计问题，它提
供了一种非常简便的方法：选中后在右
下角显示统计数据。

例如选中 C2:C4 单元格区域，在
Excel 右下角会直接统计选中的 C2:C4
单元格区域的平均值为"4,700"，计
数结果为"3"，求和结果为"14,100"。

除了手动拖曳选中部分单元格
区域外，也可以单击 C2 单元格，按
"Ctrl+Shift+↓"快捷键快速选中

C2:C53 单元格区域，查看"基本工资"
这一列的平均值为"4,677"，计数结
果为"52"，求和结果为"243,200"。

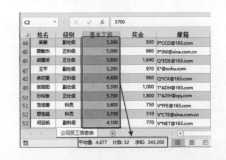

当所选区域的数据不是数字类
型时，就仅会统计计数，例如选中
A2:A53 单元格区域，Excel 右下角只
显示计数结果为"52"。

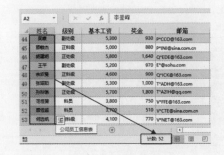

利用 Excel "选中后在右下角显示统计数据" 这一特点,可以在不使用任何公式和函数的情况下快速对所选数据进行统计,但是这些结果只能用于 "看",一旦单击其他单元格,该结果就会消失。如果需要将这些结果保存在 Excel 数据表中,则需要使用下文介绍的函数。

4.1.2　让 Excel 帮你找到最大值

在本案例中,需要找到 52 名员工的 "基本工资" 的最大值,有经验的人士会想到先对 "基本工资" 列进行降序排列,然后查看第 1 行数据即可,但是这样会打乱数据表原有的顺序。

如何能够在不打乱数据表原有顺序的情况下找到 "基本工资" 列中的最大值呢?假设需要将最大值存放在 "基本工资" 列最下方的 C54 单元格中。首先单击需要存放数据的单元格 C54,然后单击【公式】选项卡中的 "自动求和" 按钮下方的下拉箭头,并单击 "最大值"。

按 "F2" 键查看该单元格的实质,它是 "=SUBTOTAL (104,C2:C53)"。

	姓名	级别	基本工资	奖金	邮箱
49	张昭阳	副处级	5,300	1,000	T*ADH@163.com
50	孙玲琳	正处级	5,700	1,800	T*A2IH@qq.com
51	范佳捷	科员	3,800	750	V*FFE@163.com
52	顾佳超	科员	3,700	510	V*CTE@sina.com.cn
53	何远帆	副处级	4,100	770	V*NET@163.com
54			=SUBTOTAL(104,C2:C53)		

当看到这串包含英文、数字和符号的字符后,很多人的第一反应就是:"天啊,这我完全看不懂。"

"看不懂" 是正常现象,可正是因为 "看不懂",才突显了 Excel 的过人之处:整个过程中我们只是单击了几个按钮,Excel 就快速地找到我们要的结果。这个过程非常便捷而且迅速,从头至尾你都不需要 "看懂" 这一串字符。

在 C54 单元格中就会直接显示结果 "6000",Excel 是如何实现的呢?

4.1.3　函数就是你的秘书

你还是会很担心,如果看不懂这一长串字符会不会影响自己的数据处理结果呢?我可以很明确地告诉你:"不会。"

为了打消你对这一长串字符的 "恐惧",我们就来分析一下这一串字符。

在开始分析前,请你想象一下,在你面前有 52 张纸,每张纸上分别有 1 个员工的基本工资数字，你会如何找到它们的最大值结果呢？

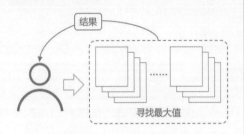

因为是在纸上的数据，所以你不能使用排序功能，只能通过肉眼来一个个进行对比，才能找到这 52 个数据中的最大值。面对这复杂的工作，你可能会期盼："要是有人能帮我做这件事就好了。"

这时，Excel 对你说："我派个秘书来帮你完成吧。"

这位秘书站到你的身边，并且向你询问："老板，请问你要做什么事情？原始资料有哪些呢？"

你对秘书说："我需要找出最大值，这些是 52 份原始资料。"

不一会，秘书说："老板，我找到了，最大值是 6 000。"

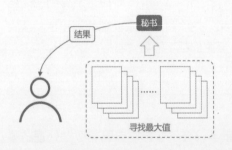

原本是由你亲自去找，现在你只要把文件给秘书，秘书就会把结果快速准确地告诉你。

而这个过程中，那个秘书就是"函数"，例如 C54 单元格中的那串字符，"="代表公式开始，"SUBTOTAL"是专门用于统计的函数名，也就是"秘书"的名字。

秘书

=**SUBTOTAL**(104,C2:C53)

统计函数

"（）"用于放置文件，在使用"SUBTOTAL"这个秘书时，需要给它两个文件，这两个文件必须放在"（）"中，并且用逗号"，"隔开。而这些"文件"的专业术语，就是"参数"。

文件

=SUBTOTAL(**104,C2:C53**)

参数

"104"代表"SUBTOTAL"这个秘书的工作方式，"SUBTOTAL"是专门用于统计的秘书，104 就是"最大值"的意思。

"C2:C53"，就是这个秘书在工作时使用的数据，也就是要计算"基本工资"这一列的数据。

整个字符串的作用就是：找名为"SUBTOTAL"的秘书，让她以"104"的方式工作，计算"C2:C53"这一列的数据。

整个过程中，你不需要背诵"SUBTOTAL"，也不需要背诵"104"代表的意义，也不需要选择"基本工资"

这一列数据，因为 Excel 可以全部自动完成。这就是 Excel 提供的"秘书"，而且 Excel 提供了 400 多个这样的"秘书"，也就意味着，在解决问题时，你不需要亲自出马，只需要寻找合适的"秘书"，给她相应的"文件"，让她去完成即可。

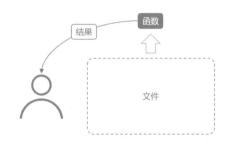

此时你已经了解了函数的作用，而"公式"和"函数"，它们都是以"="开头，它们有什么区别呢？公式是由"+""-""*""/"和"()"组成的。而函数则是由函数名和"()"组成，它们都可以被称为"算式"。

你不用去区分一个算式是"公式"还是"函数"，还是"公式 + 函数"，只要这个算式能够解决问题即可。

4.1.4 让 Excel 帮你找最小值、平均值和求和

体验了使用 Excel 找最大值的功能之后，接下来就来体验一下找最小值，例如在本案例中，需要寻找"奖金"的最小值，并将其放置在 D54 单元格中。单击 D54 单元格，然后单击【公式】选项卡中的"自动求和"下拉箭头，单击"最小值"选项。

此时 D54 单元格显示"510"，按"F2"键查看 D54 的本质，它是"=SUBTOTAL(105,D2:D53)"。

整个过程可以理解为：先找到名为"SUBTOTAL"的秘书，让她以"105"的方式工作，计算"D2:D53"这一列的数据。她拿到文件后，开始计算"D2:D53"的"最小值"（105 代表最小值），并将结果存放到 D54 单元格中。

使用同样的方法，可以计算"业绩"的平均值，此时 H54 单元格显示为"73058.92308"，按"F2"键查看 H54 的本质，它是"=SUBTOTAL(101,H2:H53)"。

▲	入职日期	业绩	手机号码
46	1909/10/28	69764	135****3565
47	1989/3/13	39772	139****1425
48	1999/10/22	87368	137****4589
49	1990/10/1	58680	133****6354
50	2016/5/16	100408	134****6427
51	2014/10/14	104320	136****4931
52	2018/5/10	52812	133****0714
53	2005/1/29	54768	135****4234
54		=SUBTOTAL(101,H2:H53)	

整个过程可以理解为：先找到名为 "SUBTOTAL" 的秘书，让她以 "101" 的方式工作，计算 "H2:H53" 这一列的数据。她拿到这个文件后，开始计算 "业绩" 的 "平均值"（101 代表平均值），并将结果存放到 H54 单元格中。

如果在 H54 对 "业绩" 求和，此时 H54 单元格显示为 "3799064"，

按 "F2" 键查看 H54 的本质，它是 "=SUBTOTAL(109,H2:H53)"。

▲	入职日期	业绩	手机号码
46	1909/10/28	69764	135****3565
47	1989/3/13	39772	139****1425
48	1999/10/22	87368	137****4589
49	1990/10/1	58680	133****6354
50	2016/5/16	100408	134****6427
51	2014/10/14	104320	136****4931
52	2018/5/10	52812	133****0714
53	2005/1/29	54768	135****4234
54		=SUBTOTAL(109,H2:H53)	

整个过程可以理解为：先找到名为 "SUBTOTAL" 的秘书，让她以 "109" 的方式工作，计算 "H2:H53" 这一列的数据。她拿到这个文件后，开始计算 "业绩" 的 "求和"（109 代表求和），并将结果存放到 H54 单元格中。

4.1.5 让 Excel 的计数分为 "数值计数" 与 "非空计数"

熟悉了 Excel 常用函数的使用方法后，接下来你可以非常自如地在 A54 单元格统计姓名列的 "计数" 了。先单击 A54 单元格，然后依次单击【公式】选项卡中的 "自动求和" 按钮下方的下拉箭头，单击 "计数"。

很奇怪，A54 单元格显示为 "0"，难道是 Excel 计算错了？

A54	▼	× ✓ fx	=SUBTOTAL(102,A2:A53)		
	姓名	级别	基本工资	奖金	邮箱
46	胡建明	正处级	5,800	1,640	Q*EDE@163.com
47	王平	副处级	5,200	970	E*@sohu.com
48	宋欢雯	正科级	4,600	900	Q*ICK@163.com
49	张昭阳	副处级	5,300	1,000	T*ADH@163.com
50	孙玲琳	正处级	5,700	1,800	T*A2IH@qq.com
51	范佳薇	科员	3,800	750	V*FFE@163.com
52	顾佳超	科员	3,700	510	V*CTE@sina.com.cn
53	何远帆	副科级	4,100	770	V*NET@163.com
54	0	↓		6,000	510

按 "F2" 键查看单元格的本质，发现是 "=SUBTOTAL(102,A2:A53)"，从结构上看，没有任何错误，为什么会显示为 "0" 呢？

这是因为在 Excel 中计算个数分为两种，一种是 "数值计数"，另一种是 "非空计数"。

当前 A54 单元格显示为 "0"，是因为【公式】选项卡的 "自动求和" 中的 "计数" 是 "数值计数"。Excel 中的 "计数" 的确会让很多职场人士产生

困扰，如果此处的"计数"若能修改成更为准确的"数值计数"，就更好了。

数值计数

也就是说，A54 单元格中实际进行的是"数值计数"，而"数值计数"是当数据为数值时计算其个数，可是"姓名"列的数据都是文字，不是数值，所以结果为"0"。

"非空计数"则是不管是何数据类型，只要不是空单元格都可以计算个数。

如何能够对 A54 单元格进行"非空计数"呢？单击 A54 单元格，在单元格右侧会出现下拉按钮，单击该按钮。发现当前显示的是"数值计数"，此时单击"计数"，即可执行"非空计数"。

非空计数

【公式】选项卡的"自动求和"下拉列表中的"计数"是"数值计数"，而在"SUBTOTAL"函数中的"计数"则是"非空计数"。两处都为"计数"，但是功能不一样。

完成了最大值、最小值、平均值、求和与计数这 5 个常用函数的学习后，你已经可以解决工作中出现的大部分简单的数据统计问题了，与此同时，你也已经了解了函数的基本运用。

4.2 玩转函数不用背

Excel 提供了 400 余个函数，也就是有 400 多个"秘书"帮你解决各种问题。除了最大值、最小值、平均值、求和与计数这 5 个常用函数外，其他函数该如何管理呢？

4.2.1 我们的目标是解决问题，而不是背诵函数

看到有 400 多个函数时，许多职场人士就开始望而生畏了："400 多个函数，我要学到什么时候才能成为 Excel 高手啊。"

正是因为有这样的误解，我身边的一些职场人士开始背诵函数，先从简单的文本函数开始背，然后定期复习，为的就是不要忘记这些重要的函数。而且在实际解决工作问题时，手动输入函数的过程让他们感觉非常满足，身边的同事看到他们能够流利地完成一个很长的函数的输入时，也会投去崇拜的目光。

背诵函数是一件需要花费大量时间和精力的事情，而且背诵函数可不仅仅是背诵函数名称这样简单。因为背诵函数需要背诵 5 个内容：函数作用、函数名称、参数个数、各参数作用及参数顺序。

以之前使用的寻找"基本工资"的最大值的函数为例。需要背诵的内容如下。

=SUBTOTAL(104,C2:C53)

（1）函数作用：SUBTOTAL 函数的作用是统计。

（2）函数名称：SUBTOTAL，一个字母都不能拼错。

（3）参数个数：两个。

（4）各参数作用：第 1 个参数作用是确定统计的方式，它的值可以是 101~111，每个值代表不同的意思；第 2 个参数的作用是说明统计的区域。

（5）参数顺序：先"统计方式"，再"统计区域"，前后不能颠倒。

看完这一个函数，我们不禁感叹："背诵函数原来如此复杂？"这时我们不禁思考："背诵函数的目的是什么呢？是为了显示自己的高超的记忆能力吗？"并不是，背诵函数的目的是使用函数来解决问题。

那么背诵这么复杂的函数是解决问题的唯一方法吗？就像家里的冰箱坏了，我一定要自己掌握所有的维修知识来维修这个冰箱吗？自己维修冰箱固然会让别人觉得你很厉害，但是如果选择让维修工来修理冰箱，也不会被别人瞧不起吧？而且让维修工维修你会非常省力。

4.2.2 不用背诵，也能"玩转"函数

有没有什么方法可以在不用背诵函数的情况下，用函数来解决实际问题呢？

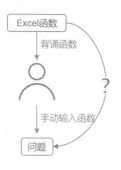

可以使用 Excel 提供的"插入函数"功能来实现 400 多个函数的管理，它就像一个管家一样，帮助你管理 400 多个"秘书"。"插入函数"功能提供了一种不需要背诵，就可以了解函数作用、函数名称、参数个数、各参数作用及参数顺序的一种可视化的方式。而你要做的，就是认识一下你需要的函数长什么样就可以了。

下文就以实际案例来告诉你，如何在不背诵函数的情况下，也能管理好 400 多个函数，并且可以玩转它们。

4.2.3 在不背函数的情况下，实现数据排名

在本案例中，需要对 H 列的数值进行排名，也就是谁的"业绩"最高就显示"1"，排第 2 就显示"2"，依此类推。

有经验的职场人士会选择先让数据按照"业绩"降序排列，然后再使用自动填充，为数据添加"1，2，3"序号的方法，但是这样会影响数据表原有的顺序。是否可以在不改变数据表原有顺序的情况下，让函数来完成对每个数据的排名呢？

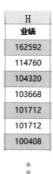

H
业绩
162592
114760
104320
103668
101712
101712
100408

扫码看视频

在 H 列右侧插入新列，单击 I2 单元格，单击"插入函数"按钮。

	E		G	H	I	J
1	邮箱	身份证	入职日期	业绩	业绩排名	手机号码
2	A*TON@163.com	22010****308085485	2002/8/7	96496		131****2709
3	A*OUT@163.com	50010****507206364	1994/7/20	84548		132****0692
4	B*RGS@sohu.com	50010****507203446	1995/7/11	162592		132****1639
5	B*AUS@163.com	33080****112126497	1996/12/21	61548		139****1368
6	B*ONAP@qq.com	11022****505218635	1993/7/21	30856		133****3632
7	B*LID@sina.com.cn	41172****202132411	1995/6/18	114760		133****6499
8	B*NAVP@sina.com.cn	37090****407281817	1993/12/17	60636		136****5506

弹出对话框，在搜索函数输入框中输入"排名"，并单击"转到"按钮，然后双击"RANK"。

函数作用和函数名称了，你要做的只是"认识"你需要的函数，但不用准确地拼写出来。第 5 章将会介绍在职场中的五大常用函数，让你来"认识"它们。

双击

问题描述

可选函数

函数作用

这就是管理 400 多个函数的重要手段，你只需要将自己的问题描述输入"搜索函数"输入框，就会出现多个与问题描述相符的可选函数，并会在下方显示其作用。这也就意味着，你不需要背诵

双击函数后，在弹出的对话框中，你可以一眼就能看出该函数的参数个数和参数顺序，并且当光标停留在不同的输入框时，对话框的下方会出现该参数的作用说明。

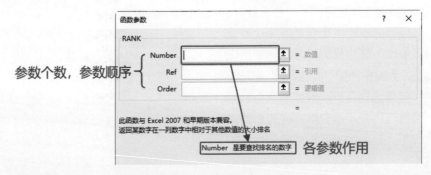

参数个数，参数顺序

各参数作用

加上之前的函数作用和函数名称，原先需要你背诵的 5 个函数的内容全部都让"插入函数"完成了。这也就意味着，你不需要背诵函数，只需要跟着本书第 5 章将五大常用函数使用一遍，你就可以大胆地告诉自己和别人："我是一个数据处理的高手。"

回到本案例中，单击"Number"输入框，显示该参数的作用为"是要查找排名的数字"，这些说明为了严谨，所以会显得有些"啰唆"。在解读这些说明时有一个技巧，就是只看主要名词。也就是说，此处需要填写"数字"。代表是哪个"数字"需要计算排名，所以我们此时应单击 H2 单元格。

单击 "Ref" 输入框，显示其作用为 "是一组数或对一个列表数据的引用。非数字值将被忽略"，这段说明的主要名词是 "一组数" 和 "一个数据列表"，也就是说要定义排名的数据列表。此时选择 H2:H53 单元格区域，代表需要在 H2:H53 单元格区域内进行排名计算。

单击 "Order" 输入框，显示其作用为 "是在列表中排名的数字。如果为 0 或忽略，降序；非零值，升序"。我们需要的就是降序排名，因此直接忽略

该参数，并单击 "确定" 按钮。

使用了 "套用表格格式" 后，I 列的实发排名被自动填充，由于实发排名是数字，为了易于阅读，将 I1:I53 单元格区域进行右对齐。

仔细观察结果会发现，第 26 行和 50 行的实发排名都是 7，原因是这两行的业绩都是 "100408"。在这种情况下，业绩排名中没有了 "8"，这也就意味着，RANK 函数会将相同数据按照相同排名计算，并将后面的排名延后。

	入职日期	业绩	业绩排名	手机号码
23	1994/10/12	78892	22	138****6387
24	1991/12/24	83456	19	137****3645
25	2016/1/7	85412	17	131****9363
26	1994/2/28	100408	7	133****4424
27	1989/9/15	82804	20	139****0744
28	1993/12/28	94540	12	136****4081
50	2016/5/16	100408	7	134****6427
51	2014/10/14	104320	3	136****4931
52	2018/5/10	52812	41	133****0714
53	2005/1/29	54768	39	135****4234

完成了实发排名的设置后，单击 M2:M53 单元格区域内的任意单元格，按 "F2" 键查看单元格本质，显示如下。

=RANK(H26,$H$2:$H$53)

该函数可以理解为：找到计算排名的 "RANK" 秘书，将当前行的业绩和整列

的业绩给她，让她来计算当前行在整列的业绩中的排名。

整个过程中没有背诵函数，而仅仅是按照"插入函数"中的提示一步步完成。在给企业进行内部培训时，我常常会对某个函数脱口而出，学员会问我："你不是说不要背函数吗？你怎么都会背？"我说："我不是刻意背的，函数用得次数多了，自然就会背了，不要主动地去花时间和精力背诵。"

本章介绍了 5 个常用函数的快速调用方法，并实现了无须背诵就能管理 400 多个函数的方法，在下一章将会介绍能解决工作中的大部分问题的五大常用函数。

第5章

实战五大常用函数

　　许多有经验的职场人士在与我讨论时会说：
"Excel 之所以让我感觉比较难，是因为它的
公式里包含了让人难以直接理解的单元格名称，
例如'C2'和'D2'这样的单元格名称。"

　　本章会对五大常用函数从易到难地进行解
析，帮助大家解决职场中的 24 个常见问题。

事实的确如此，"税前收入"="基本工资"+"奖金"这样的公式解读起来就比较简单。

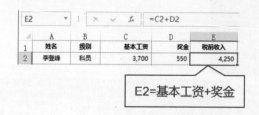

如果公式再稍加复杂一些，整个解读的步骤会更长。有没有什么办法可以将这样烦琐的解读步骤简短，让"E2= 基本工资 + 奖金"这样的公式可以一目了然呢？

单击【开始】选项卡中的"套用表格格式"按钮，单击第 1 个"浅色"样式。之后，单击【设计】选项卡，将表名称修改为"员工信息"。

套用表格样式后表格的每行数据都进行了"隔行变色"，并且当向下拖动滚动条时，列名变成了每列的实际标题：姓名、级别和基本工资等。

这些和我们需要的公式一目了然有什么关系呢？单击 E2 单元格，重新设置公式。首先按 "Delete" 键删除原有公式，输入"="，然后单击 C2 单元格，输入"+"，并单击 D2 单元格。

此时观察编辑栏，发现 E2 单元格的本质变成了"=[@ 基本工资]+[@ 奖金]"。解读这个公式时就可以不用去寻找 C2 单元格和 D2 单元格了，就能一目了然地看到 E2 单元格是"= 基本工资 + 奖金"，而 "@" 和 "[]" 是 Excel 对引用列的固定格式，不能修改。

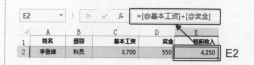

与此同时，E2:E53 单元格区域在没有进行手动设置自动填充的情况下，会全部自动发生改变，例如单击 E3 单元格，它的公式仍然是"=[@ 基本工资]+[@ 奖金]"，公式一目了然。

通过"插入函数"的功能可以让我们在不背函数的情况下使用 400 多个函数解决实际问题,你要做的只是"认识"这些函数而已,这也就意味着,你成为一个 Excel 高手的道路并不是艰辛而漫长的。

针对千余名遍布全国的职场人士的调研结果显示,他们最常使用的函数(多选)中排名前 5 个分别是:数据提取、条件判断、日期计算、数据统计和查找引用。

5.1 提取单元格数据的 2 种方法

针对 608 名职场人士的调研结果显示,有 72% 的人会使用到数据提取函数。在下图所示的案例的"邮箱"列中,需要提取邮箱前缀,即"@"前面的部分。在职场中这样的数据提取很常见。例如需要提取员工编号中的 2~5 位,即他的入职时间,或提取产品编号中的第 8~9 位,一般为产品的车间号。

有经验的职场人士面对此类数据提取的第一反应并不是使用函数,而是使用 Excel 的"分列"功能,但分列后的数据"163.com"会覆盖后面一列的数据。

II	N	O	P
实发排名	邮箱	邮箱前缀	身份证
49	A*TON@163.com	A*TON	163.com
6	A*OUT@163.com		500***196507206364

为了规避这种情况的发生,需要在"邮箱前缀"后新建一列,用于存放分列后的数据,分列完毕后再将其删除。因此为了得到邮箱前缀,需要先复制、然后插入列、执行分列,最后再删除列。

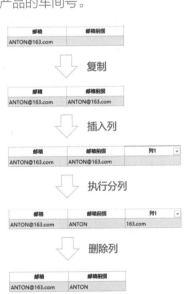

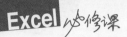

整个过程较为烦琐，而且"分列"不能像公式和函数一样自动进行填充，也就意味着，在执行分列前要先选中全部数据，如果数据表中新增一行，则需要重新再执行一遍"分列"操作。所以在数据处理中，对于提取数据的需求，我更推荐使用函数，函数不但可以自动填充，而且还可以将函数直接复制到其他数据表中，对其他数据表进行相同的处理。

5.1.1 提取头部数据：邮箱的前缀（LEFT+FIND）

如何使用函数提取邮箱的前缀呢？首先使用"Ctrl+Z"快捷键撤销之前的分列操作，然后单击 O2 单元格，单击"插入函数"按钮。

在弹出的窗口中，发现"选择函数"中的第 1 个是 RANK 函数。这是因为 Excel 会将曾经使用过的函数保存，这就意味着，下次在使用该函数时，直接双击它就可以了，无须再进行搜索。而且使用"插入函数"功能进行数据处理一个月后，你会发现自己会用到的大部分函数都已经被储存在这里了，非常便捷。

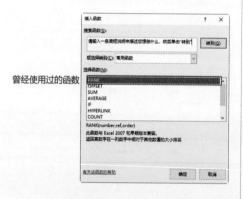

曾经使用过的函数

在"搜索函数"输入框中输入"提取"，并单击"转到"按钮。由于我们需要提取邮箱的前缀，也就是邮箱的左侧数据，所以双击"LEFT"。

在弹出的对话框中，根据提示，在"Text"输入框中单击需要被提取的 N2 单元格，在"Num_chars"输入框中输入需要截取的位数"5"，并单击"确定"按钮。

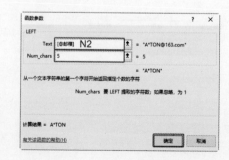

O 列被自动填充了当前函数，但是仔细观察后会发现，并不是所有的邮箱的前缀都是 5 位，这样会导致大于 5 位的前缀不能完全提取，而少于 5 位的前缀会将 "@" 及其后面的数据也进行提取。

N	O
邮箱	**邮箱前缀**
A*TON@163.com	A*TON
A*OUT@163.com	A*OUT
B*RGS@sohu.com	B*RGS
B*AUS@163.com	B*AUS
B*ONAP@qq.com	B*ONA
B*LID@sina.com.cn	B*LID
B*NAVP@sina.com.cn	B*NAV
B*@163.com	B*@16

那么邮箱前缀该如何提取呢？首先我们需要确定自己提取邮箱前缀的思路，然后再让 Excel 去执行。我们会先找到 "@" 的位置，然后通过 "@" 的位置来确定邮箱的前缀。在让 Excel 执行时也是这样的步骤。

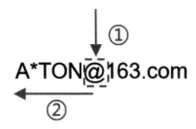

01 重新单击 O2 单元格，然后单击 "插入函数" 按钮。之前输入的数据会直接显示在各输入框中，将 "Num_chars" 输入框中的数字 "5" 删除，需要在其中输入 "@ 的位置"，但是直接输入 "@

的位置"，Excel 无法进行解析。

这时需要在 "Num_chars" 输入框中再插入一个函数，用于计算 "@ 的位置"。但是此时再单击 "插入函数" 按钮无法执行 "插入函数" 的功能，它会关闭当前窗口，如何在一个函数中再插入另一个函数呢？

02 将光标停留在需要插入函数的位置，单击名称框右侧的下拉箭头，此时名称框中有多个函数名称，并且也按照使用时间的先后进行排序。在这其中没有计算 "@ 的位置" 的函数，所以单击 "其他函数"。

03 在弹出的对话框中输入 "查找"，单击 "转到" 按钮，由于需要找到 "@

的位置", 所以双击"FIND"。

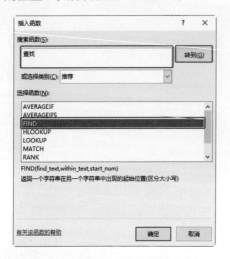

需要注意的是, 看起来之前的 LEFT 函数窗口已经消失了, 只剩下当前的 FIND 函数窗口, 但这只是显示上的隐藏。我们把当前的 FIND 函数窗口想象为在之前的 LEFT 函数窗口中的"Num_chars"输入框中进行操作。

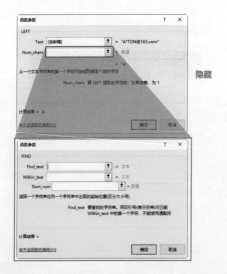

04 接下来根据各参数说明, 在"Find_text"输入框中输入需要查找的字符

"@", 双引号无须手动输入, Excel 会自动添加。在"Within_text"输入框中, 单击查找的数据源 N2 单元格, 最终单击"确定"按钮。

此时的结果中都包含了"@"符号。

N	O
邮箱	**邮箱前缀**
A*TON@163.com	A*TON@
A*OUT@163.com	A*OUT@
B*RGS@sohu.com	B*RGS@
B*AUS@163.com	B*AUS@

这是为什么呢? 以 O2 单元格为例。函数从里向外运行, 通过 FIND 函数, 找到"@ 的位置"是"6", 而 LEFT 函数执行的是提取邮箱的前 6 位, 所以会出现提取出的邮箱前缀都有"@"的情况。

05 这时, 将 LEFT 函数中的提取的

位数减 1 即可。单击 O2 单元格，单击"插入按钮"，在弹出的对话框中，在"Num_chars"输入框的最后输入"−1"，并单击"确定"按钮。

这样，我们就完成了邮箱前缀的提取。

5.1.2 最快的完成数据处理的方式是"复制"

通过了漫长的操作，我们终于完成了"提取邮箱前缀"的操作，如果下次还需要进行提取邮箱前缀的操作，采取什么方式最快呢？重新再手动输入一遍？打开本书？这些都不是最快的方式，最快的方式是"复制"。

单击 O2 单元格，并按 F2 键查看其函数。虽然函数很长，但是你无须看懂，将它整个都复制到你需要提取邮箱前缀的单元格中，如果你的邮箱列标题也是"邮箱"，那整个函数都无须修改，否则你只需要将两处"[@ 邮箱]"修改为你指定的单元格即可。

$$=LEFT([@邮箱],FIND("@",[@邮箱])-1)$$

没有人会因为你的 Excel 数据处理是通过"复制"来完成的而嘲笑你，他们只会因为你能够快速解决所有的问题而对你投来崇拜的目光。

本书提供的"结果 \ch05\ 案例 .xlsx"是一个"宝藏"，它包含了本书会提到的所有常用函数。下次你遇到相关的问题时，只需打开"案例 .xlsx"，复制函数并做简单的修改，就能快速解决问题。

5.1.3 提取特定的数据：身份证中的性别数字（MID）

扫码看视频

提取邮箱前缀是一个较难的数据提取操作，它使用了在函数中嵌套另一个函数的方法，而本节介绍的数据提取操作将会简单得多，那就是在身份证中提取性别数字。

如果身份证号码是 18 位，那么第 17 位数字就代表了性别。如果该数字为奇数，则为男性；如果为偶数，则为女性。

220***198308085415

性别位

01 在判断男女之前，需要先将身份证号码中的第 17 位提取出来，放到 Q

列"性别数字"中。单击 Q2 单元格，单击"插入函数"按钮。在弹出的对话框中，输入"提取"并单击"转到"按钮。提取身份证号码的第 17 位数是从数据中间进行提取，所以双击"MID"。MID 就是英语"Middle"（中间）的简称。

02 在弹出的对话框中，根据提示，在"Text"输入框中单击需要被提取的文本 P2 单元格，在"Start_num"输入框中输入需要开始提取的位置"17"，

在"Num_chars"输入框中输入需要提取的位数"1"。需要强调的是，MID 函数的第 3 个参数是提取的位数，并不是结束位置，许多职场人士经常将第 3 个参数理解为"结束位置"，这是不对的。最终单击"确定"按钮。

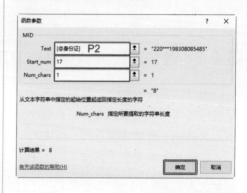

Q2:Q53 单元格区域会被自动填充函数，此时已经完成了性别数字的提取。然而这只是从身份证号码中获取性别的第一步，因为你无法告诉别人，"李登峰的性别是 8"，你需要将这些数字显示为"男"或"女"，而这就需要用到"判断函数"，下一节中将对它进行详述。

5.2 使用判断函数在职场中的 2 个应用

在上一节中提取出了性别数字，而在 R 列"性别"中需要根据性别数字的奇偶性来显示"男"和"女"。也就是说，在一个单元格中需要根据某个条件，显示不同的结果。这时，就需要用到判断函数。

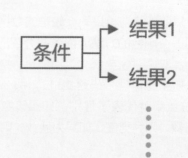

例如需要根据评估的成绩来判断员工的测试是否合格，需要根据产品的库存数量来判断是否缺货，而本节将会介绍2种常见的判断函数，即有2个判断结果和有3个判断结果。

5.2.1　2个判断结果: 性别设定为"男"或"女"（IF+ISODD）

性别只有2种情况，"男"或"女"。在使用一个判断函数时，首先要确定它的判断条件，判断条件的结果必须是"真"或者"假"。

如果使用"是奇数还是偶数"作为判断条件，那么结果不是"真"或者"假"，说明"是奇数还是偶数"并不是一个判断条件。而"是否为奇数"则是一个判断条件，因为它的结果是"真"或者"假"。本案例的判断原理是，当某个数是奇数时，得到"真"，则可以显示"男"，而某个数是不是奇数时，得到"假"，则可以显示"女"。

01　单击R2单元格，单击"插入函数"按钮。在"搜索函数"输入框中输入"if"

（"if"这两个字母输入简单，所以就直接输入"if"），并单击"转到"按钮，然后双击"IF"。

02　在弹出的对话框中，根据提示，需要在"Logical_test"输入框中输入判断条件，但是判断条件是"是否为奇数"，这是另外一个函数，鉴于当前对话框会在插入新函数时隐藏，所以先填写其他参数。在"Value_if_true"输入框中输入条件为真时显示的"男"，无须加引号，Excel会自动添加；在"Value_if_false"输入框中数据条件为假时显示的"女"，也无须加引号；最后将光标停留在"Logical_test"输入框中。

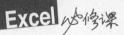
——Excel 表格制作与数据分析

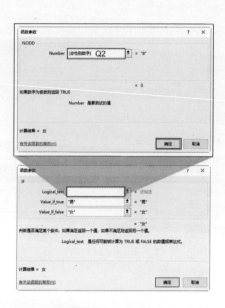

03 单击名称框右侧的下拉箭头，并单击"其他函数"。

04 在弹出的对话框中，输入"奇数"并单击"转到"按钮，根据函数说明找到"ISODD"并双击。

05 此时原先 IF 函数的对话框被隐藏，当前 ISODD 函数的操作是在 IF 函数的"Logical_test"输入框中进行的。在"Number"输入框中单击 Q2 单元格，然后单击"确定"按钮。

此时数据表中自动显示了所有的结果，经过检查，数据完全正确。单击 R2 单元格，按 F2 键查看函数，我们一起来分析一下这个函数是如何运作的。

函数从里向外运行，ISODD 函数判断 Q2 单元格"是否为奇数"，由于 Q2 的值是 8，所以 ISODD 函数得出"假"，而当 IF 函数得到"假"后，就会显示条件为假时的内容"女"。

虽然不用背函数，但是如果能够多了解函数的运行规律，就会对函数有更深刻的理解，在使用更复杂的函数嵌套时，就不会产生恐惧心理了。

106

扫码看视频

5.2.2　3 个判断结果：收入水平设定"高中低"3 档（IF）

完成了两个判断结果的判断函数的设置后，接下来就是 3 个判断结果的函数设置了。在工作中需要对员工的绩效和能力设定"高"、"中"和"低"，或者对产品库存设定"充裕"、"正常"和"紧缺"，它们的设定原理都是一样的，例如拿本案例的 S 列"收入水平"来说，它是根据 L 列的"实发工资"来进行判断的，如果实发工资大于等于 6 000 元则显示"高"，实发工资小于等于 4 000 元则显示"低"，实发工资在 4 000 元和 6 000 元之间，则显示"中"。

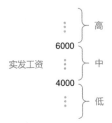

如何来实现这个结果的显示呢？先理一下思路，这种将结果分为 3 档的情况可以分为两个步骤。首先判断数字是否大于等于 6 000，如果为"真"，则显示"高"；如果为"假"，则再判断数字是否大于等于 4 000，如果为"真"，则显示"中"，如果为"假"，则显示"低"。

通过这样的分析可以发现，3 个判断结果就是两个 IF 语句的嵌套。

01　单击 S2 单元格，单击"插入函数"按钮，由于之前已经使用过 IF 函数，所以无须搜索，直接双击"IF"即可。

02　在弹出的对话框中，在"Logical_test"输入框中需要输入条件"实发工资大于等于 6 000"，方法是单击 L2，并输入">=6000"。大于等于的符号"≥"是中文符号，Excel 无法解读，在 Excel 中的"大于等于"就是">="。

03　在"Value_if_true"输入框中输入条件"实发工资大于等于 6 000"为真时显示的"高"，不用输入引号 Excel 会自动为其添加引号；而对于"Value_if_false"输入框来说，需要输入另外一个函数，将光标停留在"Value_if_false"输入框中。

在"Value_if_false"输入框中输入条件"实发工资大于等于 4 000"为假时显示的"低",并单击"确定"按钮。

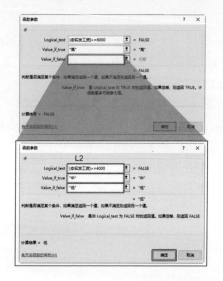

04 单击名称框右侧的下拉箭头,单击"IF"。

05 此时的 IF 函数对话框是在之前的 IF 函数对话框中的"Value_if_false"输入框中打开的,也就是代表当前窗口下都是小于 6 000 的情况,在"Logical_test"输入框中输入条件"实发工资大于等于 4 000",方法是单击 L2 单元格,并输入">=4000";然后在"Value_if_true"输入框中输入条件"实发工资大于等于 4 000"为真时显示的"中";

完成后单击 S2 单元格,并按 F2 键查看函数。对函数进行的分析如下:函数从内到外运行,在内部的 IF 函数中,由于 L2 实发工资为 3 973.75 元,条件"实发工资大于等于 4 000"为假,所以得出"低";而在外侧的 IF 函数中,由于 L2 实发工资为 3 973.75 元,条件"实发工资大于等于 6 000"为假,所以仍然得出"低"。

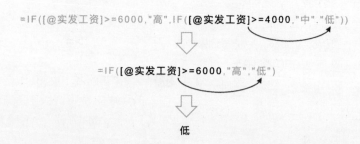

5.3 利用日期函数解决常见的 7 个问题

针对千余名职场人士的调研结果显示，有 52% 的人会使用到日期计算函数。本节针对日期计算中的 7 个常见问题进行讲解，如日期的转换、粗略计算日期差、精确推算日期、计算当月剩余天数、精确计算日期差和日期的取整。

5.3.1 将文本日期转换成可以计算的日期（MID+ 分列）

下图所示的案例的 U 列"年龄"，是根据当前日期与生日计算出的。需要注意的是，在实际工作中，年龄都是用当前日期减去生日计算而来的，而不是直接输入。例如，张三今年 28 岁，到了明年就会变成 29 岁，若是手动输入的数字，Excel 不会自动改变，需要手动修改。而如果是使用当前日期减去生日得来的数据，因为当前日期会实时更新，所以 Excel 计算出的年龄也会实时更新，不需要人工干预和修改。

	今年	明年	
年龄	28	28	✕
年龄	=当前日期-生日 ↓ 28	=当前日期-生日 ↓ 29	✓

在计算年龄之前，需要先根据 P 列"身份证"来提取生日并将其放置在 T 列中。生日是身份证号码的第 7~15 位，可以使用 MID 函数来提取。

01 单击 T2 单元格，单击"插入函数"按钮。直接双击"MID"。

02 根据提示，在"Text"输入框中单击提供提取的数据"P2"，在"Start_num"输入框中输入开始提取的位置"7"，在"Num_chars"输入框中输入需要提取的位数"8"，然后单击"确定"按钮。

完成从身份证号码中提取生日的操作后，单击 T2 单元格，单击【开始】选项卡，发现它的数字格式是"常规"，不是"日期"，这也就将导致 Excel 无法进行日期的计算。

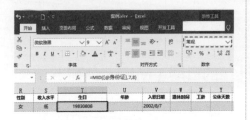

如果直接将其修改为"日期"类型呢？单击"数字格式"右侧的下拉箭头，将"常规"修改为"短日期"类型。可是修改后发现，同样作为日期类型的入职日期，显示的是"2002/8/7"，显示格式为"年 / 月 / 日"，而提取出的生日显示的是"19830808"，并不是"年/ 月 / 日"的格式，这是因为"19830808"不是真正的日期格式。

如何能够将从身份证号码中提取出的生日，转变为可以计算的日期类型呢？最快的方式就是使用分列功能。你也许会问，在数据提取中不是不建议使用分列功能吗？为什么在日期转换时又推荐使用分列功能呢？这是由两个原因导致的。

① 日期转换时使用的分列功能无须新建一列。

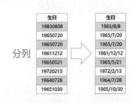

② 如果使用函数进行日期转换，需要新建一列，使用多个函数进行转换后，再替换原有的日期，过程烦琐，并且最终结果中不会包含函数，与使用分列功能的结果相同。

所以在执行日期转换时，我更推荐使用分列功能。

如何使用分列功能将提出的生日转换为日期格式呢？首先需要将生日数据转换成数值，而不是函数，因为无法对函数进行分列操作。

01 单击 T2 单元格，按"Ctrl+Shift+ ↓"快速选中 T2:T53 单元格区域，单击鼠标右键并单击"复制"，然后再次单击

鼠标右键，单击"值"。此时 T2:T53 单元格区域都已经从函数变成了真正的数值。

02 单击【数据】选项卡中的"分列"按钮。

03 在弹出的对话框中，前两个步骤都直接单击"下一步"按钮。

04 在最后一个步骤时，选中"日期"单选按钮，并单击"完成"按钮。

05 此时 T2:T53 单元格区域已经完成了日期的转换。由于每个日期类型的显示长短不一，在解读数据时会造成混淆，而且鉴于日期是从左至右进行解读的，所以选中 T2:T53 单元格区域，设置左对齐。

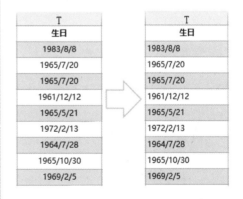

5.3.2 粗略计算日期差：计算年龄（TODAY）

在完成了日期的转换后，接下来就要正式开始对日期进行计算了。首先就是计算年龄，对于年龄来说，它本身就不是精确的，人有实岁和虚岁之分，所以在计算年龄时，进行粗略的计算即可，即使用当前日期减去生日。

01 单击 U2 单元格，单击"插入函数"按钮，在弹出的对话框中输入"当前日期"，并单击"转到"按钮，然后双击"TODAY"。

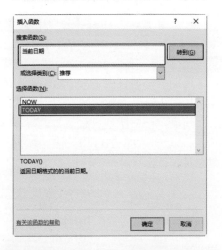

02 在弹出的对话框中直接单击"确定"按钮。

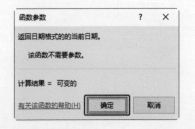

03 单击 U2 单元格，在编辑栏内，在函数后方输入"-"，并单击 T2 单元格。

U2			× ✓ fx	=TODAY()-[@生日]	
	R	S	T	U	V
1	性别	收入水平	生日	年龄	入职日期
2	女	低	1983/8/8	1936/10/26	2002/8/7
3	女	高	1965/7/20	1954/11/14	4/7/20
4	女	中	1965/7/20	1954/11/14	1995/7/11
5	男	高	1961/12/12	1958/6/22	1996/12/21
6	男	中	1965/5/21	1955/1/13	1993/7/21

04 为什么得到的结果是日期格式呢？因为当两个日期相减时，Excel 会将单元格自动转换为日期格式。此时选中 U2:U53 单元格区域，将单元格的数字格式改为"常规"。

年龄
12791
19384
19384
20700
19444
16985
19741
19282
18088

修改为"常规"后又出现了两个问题，第 1 个问题：你操作的结果与本书的结果不一致；第 2 个问题是结果很大，不是"年龄"。

首先解决第 1 个问题，为什么本书的结果与你的结果不同呢？因为本书编写的时间与你当前所处的时间不同，所以 TODAY 函数得到的日期也不同，导致结果不一致。

在理解了第 1 个问题的原因后，接下来解决第 2 个问题，为什么数值很大呢？因为两个日期相减，结果的单位是"天"，你不能告诉别人，你的年龄是 12 791 天吧？所以需要将当前值除以 365，才能得到我们常用的年龄单位"岁"。

05 单击 U2 单元格，为公式添加括号，并在末尾添加"/365"。在输入过程中需要注意 3 个事项：首先，在公式中，遵循"先括号，然后乘除，最后加减"的顺序，为了防止计算错误，所以要为先计算的部分加上括号；其次，Excel 无法解析中文括号，需要输入英文括号；最后，Excel 无法解析"÷"，这是中文符号，Excel 可识别的除号是"/"。

06 完成了将年龄从"天"变为"岁"后，将所有的小数点去除即可。多次单击【开始】选项卡中的"减少小数位"按钮即可。

5.3.3 精确推算数年后的日期：计算退休时间（DATE+MONTH +DAY）

除了粗略计算日期差外，在职场中也需要精确地推算数年之后的某个日期，例如需要推算公司合同两年后到期的时间，推算工程项目的结算时间等。

在本案例中，需要根据入职日期来推算退休时间。在实际生活中，男性的退休年龄是 60 岁，女性的退休年龄是 55 岁。（本案例仅做示范，所以不考虑延迟退休的计算。）

在开始执行操作前，我们来分析以下内容在计算退休时间时，男性是 60 岁，女性是 55 岁，这可以通过判断函数来实现。以男性 60 岁退休为例，怎么计算退休时间呢？在生日的基础上加上 60 乘以 365？那么闰年怎么办？

其实不用想得太复杂，例如 1983 年 8 月 8 日的退休时间是 2043 年 8 月 7 日。它的计算方法就是在 1983 的基础上加 60 年，然后再将天数减去 1 天。这个过程的难点是提取年份。

分析完思路，接下来就要开始设置函数了。首先需要使用 IF 函数判断性别是否为"男"，如果结果为真，则执行生日年份加 60，天数减 1；如果为假，则执行生日年份加 55，天数减 1。

01 单击 W2 单元格，单击"插入函数"按钮，在对话框中双击"IF"。

02 在"Logical_test"输入框中单击性别数据R2单元格,然后输入"="男""。

此时需要在"男"两边加上英文的双引号,为什么这里需要加引号,而之前都不要求加引号呢? 首先,只有中文需要加引号,其次,如果输入框中全部都是中文,则 Excel 会自动添加引号,而当前输入框中既有单元格名称和符号,又有中文,所以需要给中文加上引号。为了方便下次的操作,可以记忆为"只有部分是中文,才要加引号"。

| 全部是中文 | 男 | Excel自动加引号 → | "男" |
| 部分是中文 | [@性别]=男 | 手动加引号 → | [@性别]="男" |

03 将光标移到"Value_if_true"输入框内,单击名称框右侧的下拉箭头,单击"其他函数"。

04 当条件成立时,需要显示退休的日期,所以在"搜索函数"框中输入"日期"并单击"转到"按钮,然后双击"DATE"。

05 此时的 DATE 函数对话框是在 IF 函数的"Value_if_true"输入框中打开的。在"Year"输入框中需要提取生日的年份,此时需要再次插入函数,但是再次单击"插入函数"按钮会让人感觉非常复杂,而且提取年份的函数非常简单,所以直接输入提取年份的函数"year()",不区分大小写,直接输入小写字母即可。然后将光标停留在括号中间,单击生日的T2单元格,并在最后输入"+60"。

06 在"Month"输入框中输入提取生日月份的函数"month()",并在括号中间,单击生日日期所在的T2单元格。

07 在"Day"输入框中,输入提取生日第几天的函数"day()",并在括号中间,单击生日日期所在的 T2 单元格，在最后输入"−1"。你可能会担心某月的 1 号，减 1 之后会出错，这你可以完全放心，Excel 会自动将其变成上一个月的最后一天。最终单击"确定"按钮。

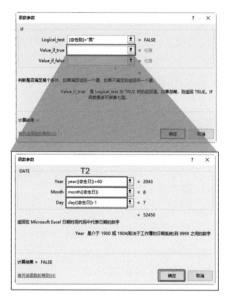

完成之后，观察数据表，会发现数据表中出现了两个问题：一是有部分数据显示为"FALSE"，二是非 FALSE 的单元格显示的数据是数字，而不是日期。

对于问题一来说，有部分数据显示为"FALSE"，是由于我们只定义了 IF 函数条件为"真"时的显示内容，没有定义条件为"假"时的显示内容，所以 IF 函数直接显示了结果"FALSE"。

T	U	V	W	X
生日	年龄	入职日期	退休时间	工龄
1983/8/8	37	2002/8/7	FALSE	
1965/7/20	55	1994/7/20	FALSE	
1965/7/20	55	1995/7/11	FALSE	
1961/12/12	59	1996/12/21	44541	
1965/5/21	55	1993/7/21	45797	
1972/2/13	48	1995/6/18	48256	
1964/7/28	56	1993/12/17	45500	
1965/10/30	55	1998/10/15	FALSE	
1969/2/5	51	1991/5/23	47153	

而问题二出现的原因是 Excel 默认的单元格格式为"常规"，只需要将它改为"日期"格式即可。选中 W2:W53 单元格区域，单击【开始】选项卡中的"数字格式"按钮右侧的下拉箭头，将"常规"改为"短日期"即可。

08 接下来就是设置 IF 函数的条件为"假"时的显示内容了，单击 W2 单元格，单击"插入函数"按钮。

09 在弹出的对话框中，直接将"Value_if_true"输入框中的函数复制并粘贴到"Value_if_false"输入框中，并将"60"改为"55"，单击"确定"按钮。

10 由于退休时间是日期类型，单元格内的数据长短不一，所以将 W1:W53 单元格区域设置为左对齐。此时观察性别、生日和退休日期。已经满足了性别为男时，退休时间为 60 年减 1 天，性别为女时，退休时间为 55 年减 1 天的要求了。

性别	收入水平	生日	年龄	入职日期	退休时间
女	低	1983/8/8	35	2002/8/7	2038/8/7
女	高	1965/7/20	53	1994/7/20	2020/7/19
女	中	1965/7/20	53	1995/7/11	2020/7/19
男	高	1961/12/12	57	1996/12/21	2021/12/11
男	中	1965/5/21	53	1993/7/21	2025/5/20
男	高	1972/2/13	47	1995/6/18	2032/2/12
男	中	1964/7/28	54	1993/12/17	2024/7/27
女	低	1965/10/30	53	1998/10/15	2020/10/29
男	中	1969/2/5	50	1991/5/23	2029/2/4

单击 W2 单元格，并按 F2 键查看并分析函数。由于函数过长，下方将其换行进行显示。由于 R2 单元格的内容是"女"，不满足条件，所以执行了生日年份加 55，天数减 1 的操作，然后提取年份、月份和天数进行计算，最后得到结果。

整个计算过程较为复杂，在你尚未熟练的时候，你可以直接从本书的电子资源"案例 - 完成后 .xlsx"中复制公式。

5.3.4 精确推算数月后的日期与数天后的日期（DATE）

上一小节中，精确地推算了数年后的日期，而在实际工作中，推算数月和数天后的日期的情况也经常发生，例如新员工的试用期为半年，需要推算试用期的截止日期，公司装修项目的工期是 60 天，需要计算工期的截止日期。

在 D57 单元格中，需要计算 C57 单元格的日期在 6 个月后的日期。分析一下思路，2018 年 3 月 12 日，6 个月后的日期就是 2018 年 9 月 11 日，这个过程是将月份增加 6，然后再将天数减 1。

2018年3月12日

+6　-1

2018年9月11日

01 单击 D57 单元格，单击"插入函数"按钮，双击"DATE"。

02 在弹出的对话框中，在"Year"输入框中，输入提取日期年份的函数"year()"，并将光标停留在括号中，单击C57单元格；在"Month"输入框中，输入提取日期月份的函数"month()"，并将光标停留在括号中，单击C57单元格，然后在最后输入"+6"；在"Day"输入框中，输入提取日期天数的函数"day()"，并将光标停留在括号中，单击C57单元格，然后在最后输入"−1"。单击"确定"按钮。

03 将D57单元格的函数拖曳复制到其他单元格中。观察D58单元格，发现当月份加6超过12后，Excel会自动将其转换为下一年度的对应月份。观察D59单元格，当天数为1时，执行减1后，Excel会自动将其转换为上一个月份的

最后一天，这是非常智能和简便的。

	C	D
56	日期	6个月截止日期
57	2018/3/12	2018/9/11
58	2018/10/13	2019/4/12
59	2017/2/1	2017/7/31
60	2020/8/5	2021/2/4

同样的，需要在D63单元格中，计算C63单元格中的日期在60天后的日期。经过分析，2016年10月12日经过60天后，是2016年12月11日，它是将天数直接加上60得来的。

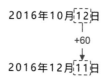

2016年10月12日
+60
2016年12月11日

04 单击D63单元格，单击"插入函数"按钮，在弹出的对话框中双击"DATE"。

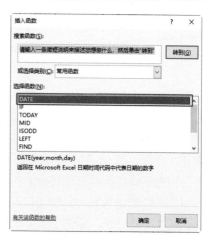

05 打开对话框，在"Year"输入框中，输入提取日期年份的函数"year()"，并将光标停留在括号中，单击C63单元格；在"Month"输入框中，输入提取日期月份的函数"month()"，并将光标停留在括号中，单击C63单元格；在

"Day"输入框中，输入提取日期天数的函数"day()"，并将光标停留在括号中，单击63单元格，然后在最后输入"+60"，单击"确定"按钮。

此时将D62单元格的函数拖曳复制到其他单元格中。观察所有单元格，日期都正常显示，并且当日期超过一年后，Excel会自动将其转换到下一年度。

	C	D
62	日期	60天截止日期
63	2016/10/12	2016/12/11
64	2018/11/13	2019/1/12
65	2021/1/1	2021/3/2
66	2019/11/11	2020/1/10

5.3.5 精确计算当月结束日与剩余天数（DATE+YEAR+MONTH+TODAY）

除了精确推算数年、数月和数天后的日期外，在职场中还会遇到需要根据时间来计算当月的截止日期和当月剩余天数的情况，例如需要给员工发通知，让他们必须在月底前完成工作报告的上交，并提示当前离本月最后一天还剩余几天。

例如，在F57单元格中，需要计算E57单元格的"2015/10/12"这天所在月的结束日。首先分析一下，每个月有时30天，有时31天，2月的天数还会根据平年和闰年有所变化，难道要写很多的判断函数吗？其实可以利用Excel来进行该操作，因为2015年10月的最后一天，不就是2015年11月1日的前一天吗？

01 单击F57单元格，单击"插入函数"按钮，双击"DATE"。

02 在弹出的窗口中，在"Year"输入框中，输入提取日期年份的函数"year()"，并将光标停留在括号中，单击E57单元格；在"Month"输入框中，输入提取日期月份的函数"month()"，并将光标停留在括号中，单击E57单元格，在最后输入"+1"；在"Day"输入框中，本来要输入"1"，代表下一个月的1号，但是需要设置为前一天，又需要减1，所以输入"0"，并最终单击"确定"按钮。

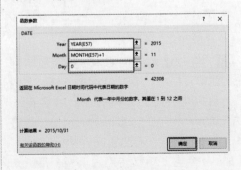

03 此时将 F57 单元格的函数拖曳复制到 F58:F60 单元格区域中，所有单元格的日期都正常显示。

▲	E	F
56	日期	当月结束日期
57	2015/10/12	2015/10/31
58	2018/4/13	2018/4/30
59	2019/2/12	2019/2/28
60	2020/8/31	2020/8/31

在实际工作中，如果要计算当前时间的当月截止日期，将 E57 单元格中的函数替换为 today() 函数即可。

$$=DATE(YEAR(\textbf{Today}()),MONTH(\textbf{Today}())+1,0)$$

当获取了当月的截止日期后，接下来就可以快速获取本月的剩余天数了。为什么这么说呢？以"2015/10/12"为例，它的剩余天数就是当月天数–当前天数，而当月天数就是当月结束日期"2015/10/31"中的"31"，当前天数就是"2015/10/12"中的"12"，只要将它们相减，就是剩余天数了。

当月剩余天数 = 　　　当月天数　　　–　　　当前天数

⬇

2015/10/31 – 2015/10/12

04 单击 G57 单元格，首先需要获取当月结束日期中的"日"，输入函数

"=day()"，然后将光标停留在括号中间，单击 F57 单元格；接下来就是减去当前日期中的"日"，在之前的函数后输入"-day()"，并将光标停留在括号中间，单击 E57 单元格，结果显示"1900/1/19"。这是因为 Excel 将该单元格设置为"日期"格式，将它改为"常规"格式即可。

05 此时将 G57 单元格的函数拖曳复制到 G58:G60 单元格区域中，检查所有单元格，无计算错误。

▲	E	F	G
56	日期	当月结束日期	当月剩余天数
57	2015/10/12	2015/10/31	19
58	2018/4/13	2018/4/30	17
59	2019/2/12	2019/2/28	16
60	2020/8/31	2020/8/31	0

5.3.6 精确计算日期差：计算工龄（DATEDIF）

在精确计算了当月的结束日与剩余天数后，接下来就要介绍在 Excel 中极为常用的计算日期差的函数了。计算日期差不是直接将两个日期相减就可以了吗？这在前面的内容中已经描述过了，为什么还要再计算一次呢？

之前探讨的计算日期差，是将两个日期相减，得到天数，如果需要得到年份，则除以 365，而除以 365 不是一个精确计算年份的方法。在职场中，许多日期都需要精确计算，比如你需要计算离项目结算日期还有几个月，从入职到现在你已经工作了多久，离自己退休还有几年。

Excel 必修课
——Excel 表格制作与数据分析

本案例就以计算工龄为例，工龄就是当前日期减去入职日期，而且必须精确计算，因为工龄会牵涉到企业的相关福利。本节要介绍的计算日期差的函数在 Excel 中属于隐藏函数，你无法在"帮助"或者"插入函数"中找到，只能通过手动输入来完成。

单击 X2 单元格，输入"=datedif(V2,today(),"Y")"即可。它的意思是计算 V2 单元格中的日期和当前日期之间相差的年份，如果 1 年不到，则显示 0，如果是 1 年多 2 年不到，则显示 1，这种精准计算日期差的方式是计算工龄的最佳方法。

当你看数据表中的工龄时，会奇怪为什么你的结果与下图所示的不同。这是因为我在编写本书时的 today() 函数返回的时间与你当前时间不同。

	V 入职日期	W 退休时间	X 工龄
2	2002/8/7	2038/8/7	17
3	1994/7/20	2020/7/19	25
4	1995/7/11	2020/7/19	24
5	1996/12/21	2021/12/11	23
6	1993/7/21	2025/5/20	26
7	1995/6/18	2032/2/12	24
8	1993/12/17	2024/7/27	26
9	1998/10/15	2020/10/29	21
10	1991/5/23	2029/2/4	29

现在来仔细分析一下 DATEDIF 这个隐藏函数是如何使用的，毕竟你将要完全手动输入该函数，没有任何提示信息。DATEDIF 这个函数名是由日期的英语 date 和差距的英语 different 的简称组合而成的，它有 3 个参数，第 1 个参数是两个日期差中的靠前日期，第 2 个参数是两个日期差中的靠后日期，这两个参数的顺序不能颠倒，第 3 个参数是代表计算日期差所使用的统计方法，常用的有三种"Y"、"M"和"D"。"Y"是 year 的首字母，代表"年"，即以"年"进行计算；"M"是 month 的首字母，代表"月"，即以"月"进行计算；而"D"是 day 的首字母，代表"日"，即以"日"进行计算。字母不区分大小写，但是需要加英文的双引号。

=datedif(前日期,后日期,"Y/M/D")

由于工龄是数字，解读时的顺序是从右至左，并且位数不确定，可能是 1 位，也可能是 2 位，所以将其设置为右对齐。

5.3.7 公休不能使用四舍五入

当计算完工龄之后，就可以根据工龄来计算每个人当前可以使用的公休天数了。每个公司对于公休的计算方法不同，本案例中的计算方法是"新员工的公休天数为 5 天，每工作一年，可增加 0.9 天"。

本专栏的目的是介绍数字的各种取整方法，因为并不是所有的情况都适用于传统的"四舍五入"。比如你作为采购者，在购买产品时，产品的价格是 100.8 元，那么你希望它被取整为 100 元，而不是 101 元；如果公司的某个项目经过计算，需要 11.3 天的工期，那么在合同上会给予 12 天的工期，而不是 11 天。

首先，为了不在公式中手动输入数字"0.9"，将"0.9"储存在 I56 单元格中。为了让该数字在公式中一目了然，单击名称框，将 I56 单元格的名称设置为"公休系数"。

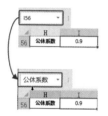

设置完"公休系数"后，我们来看一下，在不设置任何函数的情况下，Excel 的取整是怎样的呢？单击公休天数列的 Y2 单元格，输入"=5+"，并单击 I56 单元格，然后再输入代表乘法的"*"，并单击工龄所在的 X2 单元格。

=5+公休系数*[@工龄]

通过该公式计算的结果都含有小数，你不能说自己可以公休"19.4 天"，因此需要将天数变为整数才能被理解。选中 Y2:Y53 单元格区域，减少小数位，最后得到整数。通过对比，观察 Excel 的默认取整设置。（你操作的结果与下图所示的不一样，是由于当前时间不同，导致工龄不同，所以公休天数也不同。）

可以发现小数小于或等于 4，则向下取整，也就是数字变小，小数被舍弃；而小数大于或等于 5，则向上取整，也就是去除小数，整数加 1。这就是常说的"四舍五入"。

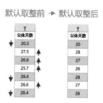

但作为员工来说，并不希望四舍五入，他希望哪怕是 0.1，也要算成一整天。而作为一个福利较好的公司来说，也愿意给员工更多的公休天数，也就是说，所有的数据都向上取整。

单击 Y2 单元格，在编辑栏中选中下图所示的公式部分，不包含等号，并进行剪切。

剪切

然后单击"插入函数"按钮。在"搜索函数"输入框中输入"向上"，并单击"转到"按钮，然后根据提示，双击"ROUNDUP"。

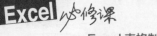
在弹出的对话框中，根据提示，在"Number"输入框中输入需要取整的数字，即粘贴刚才剪切的公式，在"Num_digits"输入框中输入需要保留的小数位"0"，然后单击"确定"按钮。

向上取整前 ➡ 向上取整后

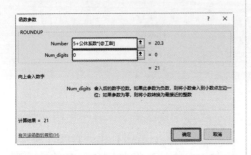

因为公休天数是数字，所以会从右向左进行解读，而且公休天数数据长短不一，有的是一位，有的是两位，所以需要将"公休天数"列设置为右对齐。选中 Y1:Y53 单元格区域，单击【开始】选项卡中的"右对齐"按钮即可。

此时再次进行前后对比，发现不管小数是大是小，都会进行向上取整。

如果在工作中需要使用到向下取整，只需在"搜索函数"输入框中输入"向下"，找到"ROUNDDOWN"即可。

5.4 使用统计函数解决工作中的 7 个难题

说到数据统计，你的第一反应可能是已经讨论过的最大值、最小值、平均值、求和与计数，这 5 个基础常用函数可进行简单的统计计算。本节会介绍带有条件地进行计数和求和的统计函数，来解决你工作中的 7 个难题。

5.4.1 条件计数：统计女性的人数（COUNTIF）

条件计数就是让 Excel 去寻找符合条件的数据有几条，在职场中，这样的情况非常常见，比如需要统计公司有多少产品的检验结果为不合格，需要统计公司人员中有多少人的年龄在 30 岁以下等。本案例将会以统计数据表中的女性人数来做示范，帮助你了解条件计数是如何运作的。

首先，经过分析，需要统计数据表中的女性人数，就是统计"性别"列中，值为"女"的数据有几条。为什么不使用"筛选"功能呢？如果使用"筛选"功能，则需要进行以下 3 个步骤。

（1）对"性别"列设置筛选。

（2）设置筛选条件为"女"。

（3）选中数据，查看"计数"。

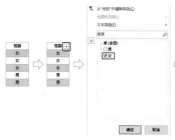

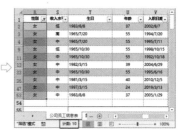

如果只是查看结果，那么通过"筛选"就可以快速看到结果"10"。但是，如果要将结果"10"保存下来，就需通过手动输入或者使用统计函数"计数"来完成。也就是说，要将结果保存下来，将需要在筛选的 3 个步骤的基础上，再增加一个步骤。为了计算复合条件的数据，需要进行 4 个步骤才能完成，太烦琐了，有没有一种方法可以一次搞定呢？

01 单击 K57 单元格，单击"插入函数"按钮，在"搜索函数"输入框中输入"条件"，并单击"转到"按钮，在下方双击"COUNTIF"。"COUNTIF"是由计数的英文"COUNT"和判断条件的英文"IF"组合而成的。

02 在弹出的对话框中，在"Range"输入框中选中需要统计的 R2:R53 单元格区域，Excel 会自动将其变为"员工信息 [性别]"。"员工信息"是在为数据表套用表格格式时修改的表名称，"员工信息 [性别]"就是数据表中的"性别"列。然后在"Criteria"输入框中输入"女"，无须添加引号，Excel 会自动添加引号，并单击"确定"按钮。

03 统计结果"10"会直接显示在 K57 单元格中。

	J	K
56	条件	人数
57	女性	10

=COUNTIF(员工信息[性别],"女")

扩展：统计实发工资低于4 000元的人数

统计女性员工的人数，使用的是统计条件为"文字"的情况。接下来完成统计实发工资在 4 000 元以下的人数，这是统计条件为"数字"的情况。

01 单击 K58 单元格，单击"插入函数"按钮，直接双击"COUNTIF"。

02 在弹出的对话框中，在"Range"输入框中选中需要统计的 L2:L53 单元格区域，Excel 会自动将其变为"员工信息 [实发工资]"；然后在"Criteria"输入框中输入"<4000"，无须添加引号，并单击"确定"按钮。

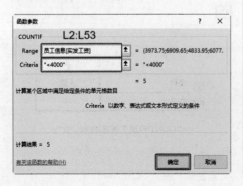

03 统计结果"5"会直接显示在 K58 单元格中。

	J	K
56	条件	人数
57	女性	10
58	实发工资4000以下	5

=COUNTIF(员工信息[实发工资],"<4000")

扩展：统计1980年以后出生的人数

完成了统计条件为"文字"和"数字"的情况后，接下来就是处理统计条件为"日期"的情况了。比如需要统计在 1980 年以后出生的人数，经过分析，"1980 年以后出生"就是"生日"大于等于"1980/1/1"。

01 单击 K59 单元格，单击"插入函数"按钮，双击"COUNTIF"。

02 在弹出的对话框中，在"Range"输入框中选中需要统计的 T2:T53 单元格区域，Excel 会自动将其变为"员工信息 [生日]"；然后在"Criteria"输入框中输入">=1980/1/1"，无须添加引号，单击"确定"按钮。

03 统计结果"15"会直接显示在 K59 单元格中。

	J	K
56	条件	人数
57	女性	10
58	实发工资4000以下	5
59	在1980年以后出生	15

=COUNTIF(员工信息[生日],">=1980/1/1")

文字、数字和日期这 3 种数据类型是职场中最常见的，完成了对它们的条件计数后，你已经可以应对职场中绝大部分根据条件计算个数的问题了。

5.4.2 多条件计数：统计女科员的人数（COUNTIFS）

当需要统计女科员的人数时，就不能再用 COUNTIF 函数来解决了，因为"女科员"这个要求包含了两个条件：性别为女和级别为科员。而 COUNTIF 函数只能处理一个条件的情况。像这种多条件计数的问题在职场中随处可见，例如需要从产品信息表中统计出"上海销量在 10 000 以上的产品的个数"，此时就有两个条件："区域在上海"和"销量在 10 000 以上"；或者在员工信息表中统计出"25~30 岁，身高在 170 以上的女性的人数"，此时有就 4 个条件："年龄大于 25""年龄小于 30""身高大于 170""性别为女"。

像这样的多条件计数该如何解决呢？可以使用 COUNTIFS 函数。"COUNTIFS"就是在"COUNTIF"后面加一个"S"，在英语中，末尾加"S"代表复数，"COUNTIFS"就代表"多条件计数"。

条件计数 Coungif

多条件计数 Coungifs

01 单击 K61 单元格，单击"插入函数"按钮，输入"条件"，并单击"转到"

按钮，双击"COUNTIFS"。

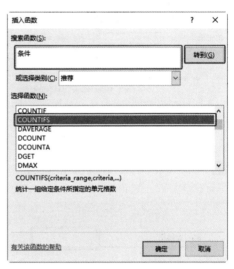

在弹出的对话框中只有两个输入框，不断输入信息，输入框也会不断增多，并且每两个输入框为一组条件。

02 在"Criteria_range1"输入框中选中条件 1 需要统计的 R2:R53 单元格区域，Excel 会自动将其变为"员工信息 [性别]"；在"Criteria1"中输入"女"；在"Criteria_range2"输入框中选中条件 2 需要统计的 B2:B53 单元格区域，Excel 会自动将其变为"员工信息 [级别]"；在"Criteria2"中输入"科员"。单击"确定"按钮。

03 统计结果"3"会直接显示在 K61 单元格中。

=COUNTIFS(员工信息[性别],"女",员工信息[级别],"科员")

可以发现，COUNTIFS 函数的条件输入方式与 COUNTIF 函数的条件输入方式一致，只是输入的条件更多而已。那么接下来我们就再练习两个常用的多条件计数案例，用来巩固你进行多条件计数能力。

扩展：统计实发工资为 4 000~6 000 元的人数

比如需要统计实发工资在 4 000~

6 000 元的人数，这看似是一个条件，其实是两个条件，条件 1 是实发工资大于等于 4 000 元，条件 2 是实发工资小于等于 6 000 元。

01 单击 K62 单元格，单击"插入函数"按钮，双击"COUNTIFS"，弹出对话框。

02 在"Criteria_range1"输入框中选中条件 1 需要统计的 L2:L53 单元格区域，Excel 会自动将其变为"员工信息 [实发工资]"；在"Criteria1"中输入">=4000"；在"Criteria_range2"输入框中选中条件 2 需要统计的 L2:L53 单元格区域，Excel 会自动变为"员工信息 [实发工资]"；在"Criteria2"中输入"<=6000"；最后单击"确定"按钮。

03 统计结果"34"会显示在 K62 单元格中。

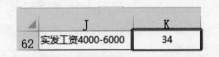

=COUNTIFS(员工信息[实发工资],">=4000",员工信息[实发工资],"<=6000")

扩展：统计"90后"男员工的人数

最后再练习一个更为复杂的多条件

计数案例，统计"90 后"男员工的人数。经过分析，它是由 3 个条件组成的，条件 1 是生日大于等于 1990/1/1，条件 2 是生日小于 2000/1/1，条件 3 是性别为男。

01 单击 K63 单元格，弹出对话框，在"Criteria_range1"输入框中选中条件 1 需要统计的 T2:T53 单元格区域，Excel 会自动将其变为"员工信息 [生日]"；在"Criteria1"输入框中输入">=1990/1/1"；在"Criteria_range2"输入框中选中条件 2 需要统计的 T2:T53 单元格区域，Excel 会自动将其变为"员工信息 [身体]"；在"Criteria2"输入框中输入"<2000/1/1"；在"Criteria_range3"输入框中选中条件 3 需要统计的 R2:R53 单元格区域，Excel 会自动将其变为"员工信息 [性别]"；在"Criteria2"输入框中输入"男"；最后单击"确定"按钮。

02 统计结果 3 会显示在 K63 单元格中。

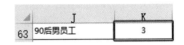

=COUNTIFS(员工信息[生日],">=1990/1/1",员工信息[生日],"<2020/1/1",员工信息[性别],"男")

5.4.3 信息状态匹配：显示员工是否体检（COUNTIF）

条件计数的应用不仅仅是计算满足条件的个数，还可以应用在信息状态匹配中。比如检验公司的产品时，出现了 10 个检验不合格的产品，这 10 个不合格的产品会单独显示在一张工作表中，我们需要将不合格的产品的信息显示在产品信息表中。

而在本案例中，工作表"已体检名单"中储存了已经完成体检的员工名单，需要在"公司员工信息表"中，匹配每个员工的体检状态，并显示为"已体检"或"未体检"。

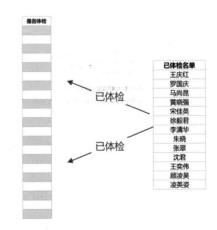

公司员工信息表

首先分析一下，如何完成这样的操作？以第 2 行为例，姓名为"李登峰"，李登峰的体检状态显示为"已体检"或"未体检"取决于"李登峰"是否在"已体检名单"中。也就是说，当"李登峰"在"已体检名单"中出现的次数为 1 时，显示"已体检"，否则显示"未体检"，这不就是判断函数和条件计数的结合吗？

01 单击 Z2 单元格，单击"插入函数"按钮，双击"IF"，在弹出的窗口中，先在"Value_if_true"输入框中输入条件成立时显示的"已体检"，然后在"Value_if_false"输入框中输入条件不成立时显示的"未体检"。无须添加引号，Excel 会自动添加。

02 将光标停留在"Logical_test"输入框中，此处需要插入计算"姓名"在"已体检名单"中的计数函数。单击名称框右侧的下拉箭头，直接单击"COUNTIF"。

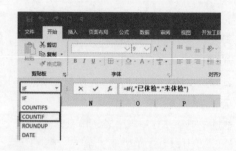

03 此时 COUNTIF 函数的对话框在 IF 函数的"Logical_test"输入框中打开的。在"Range"输入框中选中需要计数的单元格区域：已体检名单中的 B2:B100 单元格区域；在"Criteria"输入框中输入需要匹配数据的 A2 单元格。单击"确定"按钮。

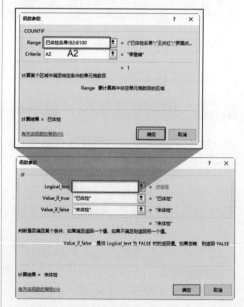

此时出现了 3 个问题。

（1）体检名单的数据位于 B2:B15 单元格区域，为什么要选中 B2:B100 单元格区域？

（2）COUNTIF 函数执行的操作是计算姓名出现的次数，作为 IF 函数的条件，并没有进行判断"=1"，为什么函数仍然可以执行？

（3）为什么显示结果全部是"未体检"？

我们依次来解决这 3 个问题。第 1 个问题，已体检名单中的数据明明位于 B2:B15 单元格区域，为什么要选中 B2:B100 单元格区域呢？因为已体检的名单人数会随着时间的推移而增加，如果只选中了 B2:B15 单元格区域，那么当已体检人数增加时，就需要修改函数；而如果选中了 B2:B100 单元格区域，那么当已体检人数增加时，也仍然在这个区域内，所以就不需要修改函数了，这是一个常见的小技巧。

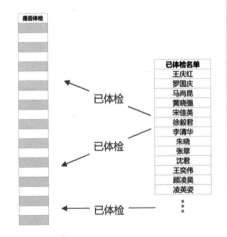

公司员工信息表

第 2 个问题，COUNTIF 函数执行的操作是计算姓名出现的次数，作为 IF 函数的条件，并没有进行判断"=1"，为什么函数仍然可以执行呢？COUNTIF 函数的结果可能是 1 或者 0，而对于 IF 函数来说，它需要的判断结果是"真"或"假"，在 Excel 中，"0"

与"假"是等价的，而"1"与"真"也是等价的。所以无须判断"=1"，IF 函数就能得到"真"和"假"，从而显示"已体检"和"未体检"。

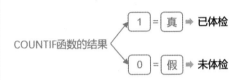

第 3 个问题，为什么显示结果全部都是"未体检"？

单击 Z3 单元格，发现原本设置的 B2:B100 单元格区域变成了 B3:B101 单元格区域，这是自动填充导致的。

而 B3:B101 单元格区域并不是正确的已体检名单的区域，如何解决这样的问题呢？可以按 F4 键，对"已体检名单"中的 B2:B100 单元格区域进行绝对引用，或者是将该区域设置名称，这样就能一目了然了。

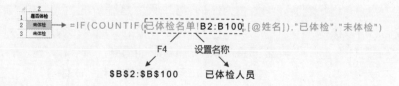

=IF(COUNTIF(已体检名单!B2:B100,[@姓名]),"已体检","未体检")

F4   设置名称

$B$2:$B$100   已体检人员

本书使用的是第 2 种方法，为"已体检名单"工作表中的 B2:B100 单元格区域设置名称。选中"已体检名单"中的 B2:B100 单元格区域，为了防止名称与工作表名称"已体检名单"重复而产生混淆，直接在名称框中输入"已体检人员"。

然后再回到"公司员工信息表"，单击 Z2 单元格，直接在编辑栏选中"已体检名单!B2:B100"，然后输入名称"已体检人员"即可。

此时观察数据表发现，数据正确显示了。为了检测"当已体检名单人数增加时，无须修改函数"的功能，在"已体检名单"工作表的 B16 单元格中输入"李登峰"，此时再回到"公司员工信息表"中查看"李登峰"的体检状态，发现已经自动改变为"已体检"了。

5.4.4 数据不重复：员工编号不能重复（COUNTIF+数据验证）

条件计数除了能够对信息状态进行匹配外，还可以完成"数据不重复"的需求。在职场中，这样的需求非常常见，如产品编号不能出现重复、订单编号不能出现重复等。而本节将以员工编号为例，设置员工编号不能重复。

首先来分析一下，"数据不重复"是如何实现的呢？如果某个编号在所有编号中只出现一次，就是不重复，如果出现两次甚至更多，就是重复。

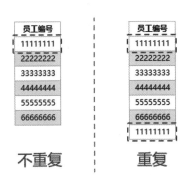

而计算某个编号在所有编号中出现的次数不就可以使用条件计数函数吗？了解了"数据不重复"的原理后，接下来要考虑的就是通过何种方式去提示用户"你输入了重复的数据"。解决方案就是在输入一个重复的编号时，弹出提示对话框。这就运用了"数据验证"的功能。

完成了所有的分析后，接下来就需要进行操作了。

01 单击 H2 单元格，单击【数据】选项卡中的"数据验证"按钮。

02 在打开的下拉列表中选中"自定义"，在公式中输入"=COUNTIF(H2:H53,H2)=1"，选中 H2:H53 单元格区域，按 F4 键将其设置为绝对引用，并单击"确定"按钮。

为什么需要手动输入公式呢？因为在"数据验证"中无法使用"插入函数"的功能。有经验的职场人士会选择先在单元格里把函数设置完，然后再复制函数。通过"插入函数"生成的函数是"=COUNTIF([员工编号],[@ 员工编号])"，但是在"数据验证"中，是无法辨识"套用表格格式"的列名"员工编号"和单元格名"@ 员工编号"的。

131

在看了这么多的函数后，相信你已经对函数的结构不陌生了，现在我们来仔细分析一下手动输入的函数。最开始的"＝"代表函数开始；"H2:H53"代表计数的单元格区域，因为会将 H2 向下自动填充，所以需要对它进行绝对引用；"H2"代表当前员工编号所处的位置；COUNTIF 函数计算了当前员工编号在整个单元格区域中出现的次数；"=1"代表只能出现一次。

当前员工编号在整个区域中出现的次数

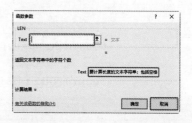

=COUNTIF($H$2:$H$53,H2)=1

函数开始　　　　　　　　　　只能出现1次

完成 H2 单元格的"数据验证"的设置后，通过自动填充，将 H2 单元格的设置复制给 H3:H53 单元格区域。然后进行测试，在 H2 中输入"1"，并在 H3 也输入"1"，Excel 会自动弹出提示错误的对话框，最终，完成了"员工编号不能重复"的操作。

5.4.5　多条件数据验证：员工编号既不能重复，还要有长度限制

在对员工编号设置不能重复的条件时，清除了原先对文本长度的设置，而实际工作中，"限制文本长度"和"数据不能重复"常常是同时出现的。如何能够让"数据验证"既能限制文本长度，又能让数据不能重复呢？

首先需要强调的是，"数据验证"中需要手动输入函数。这也就意味着，需要找到判断数据文本长度的函数是什么。单击"插入函数"按钮，输入"长度"，并单击"转到"按钮，根据提示找到"LEN"，并且双击它。

在"函数参数"对话框中可以看到，LEN 函数只有一个参数，并且该参数就是需要计算长度的文本。此时你就已经知道了获取数据长度的函数了，所以单击"取消"按钮。

单击 H2 单元格，单击【数据】选项卡中的"数据验证"按钮，在公式中，先在末尾添加"，"，代表有第 2 个条件，然后输入"LEN(H2)=8"，代表设置 H2 的文本长度为 8，然后在这个两个条件的外面使用 AND 函数，代表这两个条件必须同时成立，才能允许输入。也就是说，只有当本单元格的数据在本列单元格区域中只出现一次，而且本单元格的数据文本长度为 8 位时，才能显示。

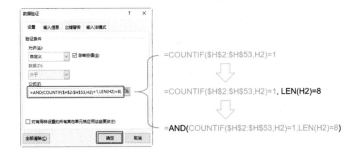

如果你暂时还无法驾驭这么长的函数，你可以复制本书配套资源中提供的结果文件中的函数，只需修改"整列区域"和"当前单元格"的两个参数即可。

$$\underset{\text{整列区域}}{=AND(COUNTIF(\underbrace{\$H\$2:\$H\$53}},\underset{\text{当前单元格}}{H2})=1,LEN(H2)=8)$$

完成了"员工编号"的"数据不能重复"和"限制文本长度"的操作后，需要给它设置"提示信息"和"出错警告"，这样可以在数据填写时更加一目了然。

单击 H2 单元格，单击【数据】选项卡中的"数据验证"按钮，在【输入信息】选项卡中，在"标题"输入框中输入"员工编号"，在"输入信息"输入框中输入"员工编号为 8 位，且不能重复。"

切换至【出错警告】选项卡，在"标题"输入框中输入"员工编号"，在"错误信息"输入框中输入"员工编号为 8 位，且不能重复。"

由于"员工编号"中无数据，所以通过拖曳"十"字的方式将 H2 单元格中的"数据验证"设置复制给 H3:H53 单元格区域。

完成设置后需要对"员工编号"列进行测试。单击 H2 单元格，输入"1"，弹出了出错警告对话框，说明"限制数据文本长度"的功能已经实现；在 H2 单元格中输入"12345678"，可以正常输入，然后在 H3 单元格中输入"12345678"，弹出了出错警告对话框，说明"数据不能重复"的功能也已经实现。

5.4.6 条件求和：计算正科级员工的实发工资总和

"条件计数"用于计算符合条件的数据的数量，在职场中"条件求和"也非常常用，它用于计算满足复合条件的某列数据的总和，比如在产品销售表中，需要计算 2018 年第 1 季度的销售总和，条件是"时间是 2018 年"，对"销售金额"求和；或者在客户订单表中，计算所有女性客户一共消费了多少金额，条件是"性别为女"，对"消费金额"求和。

在本案例中，以计算"级别为正科级员工的实发工资总和"为例，来演示如何完成条件求和。

与"条件计数"一样，如果采用"筛选"的方法，对"级别"设置"筛选"，并设置条件"正科级"后，观察 Excel 的右下角，的确可以看到符合条件"级别为正科级"的求和数据，但是"筛选"的结果仅仅是用来"看"的，无法保存下来。

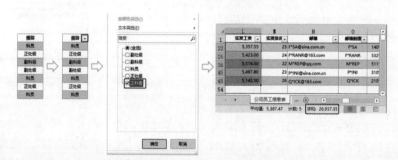

此时可以通过条件求和函数，快速计算"级别"为"正科级"的员工的"实发工资"总和。

01 单击 M57 单元格，单击"插入函数"按钮，输入"条件"并单击"转到"按钮，根据提示找到"SUMIF"并双击。"SUM"是求和的意思，"IF"是条件的意思，"SUMIF"就是将这两个英文单词连接在一起，意为"条件求和"。

02 在弹出的对话框中，在"Range"输入框内选中需要进行条件匹配的 B2:B53 单元格区域，在"Criteria"输入框内输入条件"正科级"，在"Sum_range"输入框内选中需要求和的 L2:L53 单元格区域，单击"确定"按钮。

03 结果"26937.35"会显示在 M57 单元格中。

	L	M
56	条件	求和
57	正科级收入	26937.35

=SUMIF(员工信息[级别],"正科级",员工信息[实发工资])

扩展：计算实发工资排名前10的工资总和

"正科级收入"是对文本类型的数据进行条件求和后得到的，接下来通过计算"实发工资排名前 10 的总和"，来完成对数字类型的条件求和。

01 经过分析"实发排名前 10 的总和"的条件是"实发排名 <=10"，求和项是"实际收入"。单击 M58 单元格，单击"插入函数"按钮，双击"SUMIF"，弹出"函数参数"对话框。

02 在"Range"输入框内选中需要进行条件匹配的 M2:M53 单元格区域，在"Criteria"输入框内输入条件"<=10"，在"Sum_range"输入框内选中需要求和的 L2:L53 单元格区域，单击"确定"按钮。

03 结果"69648.15"会显示在 M58 单元格中。

	L	M
56	条件	求和
57	正科级收入	26937.35
58	实发排名前10的收入	69648.15

=SUMIF(员工信息[实发排名],"<=10",员工信息[实发工资])

扩展：计算1980年以后出生的员工的实发工资总和

完成了对"文本"和"数字"类型的"条件求和"后，接下来就是对"日期"数据进行条件求和了。本案例要求计算"在 1980 年以前出生的员工的实发工资总和"。

01 经过分析，"在 1980 年以前出生的员工的实发工资总和"的条件是"生日 <1980/1/1"，求和项是"实发工资"。单击 M59 单元格，单击"插入函数"按钮，双击"SUMIF"，弹出"函数参数"对话框。

02 在"Range"输入框内选中需要进行条件匹配的 T2:T53 单元格区域，在"Criteria"输入框内输入条件"<1980/1/1"，在"Sum_range"输入框内选中需要求和的 L2:L53 单元格区域，单击"确定"按钮。

03 结果"193058.8"会显示在 M58 单元格中。

	L	M
56	条件	求和
57	正科级收入	26937.35
58	实发排名前10的收入	69648.15
59	在1980年以前出生的收入	193058.8

=SUMIF(员工信息[生日],"<1980/1/1",员工信息[实发工资])

"文字"、"数字"和"日期"这3种数据类型在职场中是最常见的，完成了对它们的条件求和后，你已经可以应对职场中绝大部分根据条件计算某列数据的总和的问题了。

5.4.7　多条件求和：计算女正处级员工的实发工资总和

当需要计算员工"女正处级的员工的实发工资总和"时，就不能再用SUMIF函数来解决了，因为"女正处级"这个要求包含了2个条件："性别为女"和"级别为正处级"，而SUMIF只适用于一个条件的情况。像这种多条件求和的问题在职场中随处可见，可能需要从产品信息表中找到A车间生产的日用品销量总和是多少，此时就有两个条件"生产车间为A车间"和"产品类别为日用品"；或者在物料采购表中找到"营销部2018年度的物料采购总额"，此时就有3个条件，"部门为营销部"、"日期'大于等于'2018/1/1"和"日期'小于'2019/1/1"。

像这样的多条件求和该如何解决呢？可以使用SUMIFS函数。"SUMIFS"是在"SUMIF"后面加了一个"S"，在英语中末尾加"S"代表复数，因此"SUMIFS"就代表"多条件求和"。

　　　条件求和　Sumif

　　　多条件求和　Sumifs

本案例中需要计算"女正处级员工的实发工资总和"，经过分析，它是由两个条件组成的，"性别为女"和"级别为正处级"。

01　单击M61单元格，单击"插入函数"按钮。输入"条件"并单击"转到"按钮，双击"SUMIFS"。

目前在弹出的对话框中只有两个输入框，但当信息不断输入时，输入框会不断增多，并且每两个输入框为一组条件。

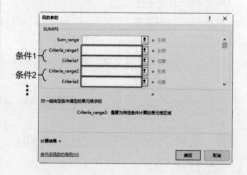

需要强调的是，SUMIFS函数与

SUMIF 函数的参数顺序不一样。SUMIF 是先条件，后求和项，而 SUMIFS 函数是先求和项，后条件。在输入参数值时需要特别注意。

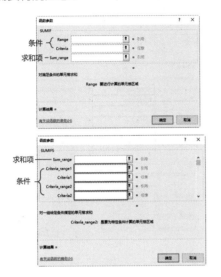

02 在弹出的对话框中，根据每个参数的提示进行参数的输入。在"Sum_range"输入框中选中需要求和的 L2:L53 单元格区域，在"Criteria_range1"输入框中选中条件 1 需要统计的 R2:R53 单元格区域，在"Criteria1"输入框中输入条件 1"女"；在"Criteria_range2"输入框中选中条件 2 需要统计的 B2:B53 单元格区域，在"Criteria2"输入框中输入条件 2"正处级"；单击"确定"按钮。

03 结果"6909.65"会显示在 M62 单元格中。

=SUMIFS(员工信息[实发工资],员工信息[性别],"女",员工信息[级别],"正处级")

可以发现，SUMIFS 函数中的条件输入方式与 SUMIF 函数中的条件输入方式一致，只是输入了更多条件而已。那么接下来我们就再练习两个常用的统计案例，用来巩固你进行多条件计数的能力。

比如需要计算实发工资为 4 000~5 000 元的员工的收入总和，而这个要求的条件是"实发工资大于等于 4 000元""实发工资小于等于 5 000 元"，求和项是"实发工资"。

04 单击 M62 单元格，单击"插入函数"按钮，双击"SUMIFS"，弹出"函数参数"对话框。在"Sum_range"输入框中选中需要求和的 L2:L53 单元格区域，在"Criteria_range1"输入框中选中条件 1 需要统计的 L2:L53 单元格区域，在"Criteria1"输入框中输入条件 1">=4000"；在"Criteria_range2"输入框中选中条件 2 需要统计的 L2:L53 单元格区域，在"Criteria2"输入框中输入条件 2"<=5000"；单击"确定"按钮。

05 结果"92209.7"会显示在单元格 M62 中。

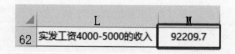

	L	M
62	实发工资4000-5000的收入	92209.7

=SUMIFS(员工信息[实发工资],员工信息[实发工资],">=4000",员工信息[实发工资],"<=5000")

最后，需要计算"80 后男员工的收入总和"。它有 3 个条件"生日大于等于 1980/1/1""生日小于 1990/1/1""性别为男"。

06 单击 M53 单元格，根据各参数提示输入各参数在"Sum_range"输入框中选中需要求和的 L2:L53 单元格区域，在"Criteria_range1"输入框中选中条件 1 需要统计的 T2:T53 单元格区域，在"Criteria1"输入框中输入条件 1">=1980/1/1"；在"Criteria_range2"输入框中选中条件 2 需要统计的 T2:T53 单元格区域，在"Criteria2"输入框中输入条件 2"<1990/1/1"；在"Criteria_range3"输入框中选中条件 3 需要统计的 R2:TR3 单元格区

域，在"Criteria3"输入框中输入条件 3"男"；单击"确定"按钮。

07 结果"379352.95"会显示在单元格 M63 中。

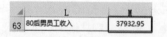

	L	M
63	80后男员工收入	37932.95

=SUMIFS(员工信息[实发工资],员工信息[生日],">=1980/1/1",员工信息[生日],"<1990/1/1",员工信息[性别],"男")

5.5 使用查找引用函数解决 5 个实际问题

对千余名职场人士的调研结果显示，有 79% 的人在日常工作中会使用查找引用函数。什么是查找引用函数呢？比如在本案例中，你想知道沈君的性别，你会根据查找条件"姓名 = 沈君"找到该行，并找到"性别"列，找到该行的值是"男"，这个过程就是"查找"。而这个"男"仅仅是看到，你希望把这个值保存到某个单元格中，这个保存的

过程，就是"引用"。

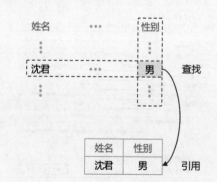

查找引用函数在职场中经常被使用，通常是在不修改原数据表的情况下，将原数据表中的部分数据，新建为一张新的数据表。比如在产品信息表中，需要将排名前 10 的产品信息单独新建为一张表格以供讨论，并且新建的表格中只显示产品名称、成本、销量和售价；或者你希望为所有科员新建一张表格，并只显示其性别、年龄和体检状态等。

本节将会围绕查找引用函数在实际工作中的使用，提供 5 个常见问题的解决方案，帮助你解决在职场中出现的大部分的问题。

5.5.1 查找引用数字时，最简单的函数（SUMIF）

在本案例中，需要查找指定员工的实发工资。

▲	N	O
56	姓名	实发工资
57	范佳媛	
58	吴蒙	
59	秦铁汉	
60	王奕伟	
61	朱晓	
62	张翠	
63	沈君	

许多 Excel 高手会马上想到 VLOOKUP 函数，但是在根据姓名查找实发工资时，完全可以使用一个我们已经学过的函数：SUMIF。

SUMIF 函数怎么能够实现查找引用的功能呢？它的作用不是条件求和吗？我们来分析一下 SUMIF 进行查找引用的过程。以寻找姓名为"沈君"的"实发工资"为例，条件是"姓名为沈君"，而且原数据表中只有一个"沈君"，所以对该条件进行求和，其实显示的就是"沈君"的"实发工资"。

单击 O57 单元格，单击"插入函数"按钮，双击"SUMIF"，在"Range"输入框中选中姓名所在的 A2:A53 单元格区域，在"Criteria"输入框中单击需要查找姓名的 N57 单元格，在"Sum_range"输入框中选中需要求和的 L2:L53 单元格区域，并单击"确定"按钮。

然后将 O57 单元格的函数设置，通过拖曳"十"字的方法填充至 O63 单元格。

	N	O
56	姓名	实发工资
57	范佳雯	4254.25
58	吴蒙	5825.05
59	秦铁汉	6722.65
60	王奕伟	4160.75
61	朱晓	5740.9
62	张翠	7077.95
63	沈君	3973.75

SUMIF 函数使用起来简单，但是它有一个缺点，就是只能引用数字，为什么呢？这是因为 SUMIF 函数使用的是求和，而只有数字可以求和，比如需要查找引用不同姓名的人员的级别时，使用 SUMIF 函数，得到的所有结果都是 0。

姓名	级别
范佳雯	0
吴蒙	0
秦铁汉	0
王奕伟	0
朱晓	0
张翠	0
沈君	0

SUMIF只能查找引用数字

如何能够对数字以外的信息进行查找引用呢？请看下文。

5.5.2　查找引用任何值的通用函数（VLOOKUP）

VLOOKUP 函数可以查找引用任何格式的数据，除了数字以外，文本或日期格式的数据都可以被正确地查找和引用出来。

比如在本案例中，需要根据姓名来查找引用他们对应的级别。单击 Q57 单元格，单击"插入函数"按钮，在弹出的对话框中输入"查找"并单击"转到"按钮，然后双击"VLOOKUP"。

根据每个参数的提示，在"Lookup_value"输入框中单击需要查找的 P57

单元格，在"Table_array"输入框中，单击数据表的任意位置，然后按"Ctrl+A"快捷键选中整张数据表，在"Col_index_num"输入框中输入需要查找的列数"2"，在"Range_lookup"输入框中输入"0"，并单击"确定"按钮。

VLOOKUP 函数有 4 个参数，而这 4 个参数比较复杂，我们来一一解析。

=VLOOKUP(P57,员工信息,2,0)

第 1 个参数可以理解为"查找谁"。

=VLOOKUP(**P57**,员工信息,2,0)
查找谁

第 2 个参数需要设置一个区域，而且这个区域的第 1 列必须是"查找谁"所在的列，比如需要查找"姓名"，那么这个区域的第 1 列必须是"姓名"列。而且这个区域一定要包含引用列，比如需要引用"级别"，那么这个区域一定要包含"级别"列。而在本案例中，查找列是第 1 列，全选数据表一定会包含"级别"列，所以使用了整个数据表作为第 2 个参数的区域。

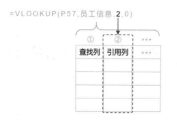

=VLOOKUP(P57,员工信息,2,0)

第 3 个参数为引用列在第 2 个参数的区域中排第几列，比如在本案例中，"级别"在区域中排第 2 列，所以输入"2"。

=VLOOKUP(P57,员工信息,2,0)

第 4 个参数说明匹配程度：如果为"False"精确匹配，如果为"True"或"忽略"，大致匹配。而在 Excel 中，"0"与"False"是等价的，所以输入"0"代表精确匹配，也就是准确地找到"姓名"对应的"级别"，大致匹配的情况将在 5.5.5 节中详述。

=VLOOKUP(P57,员工信息,2,**0**)

精确匹配

完成 Q57 单元格的 VLOOKUP 函数的设置后，通过拖曳"十"字的方法，将 Q57 的 VLOOKUP 函数填充到 Q58:Q63 单元格区域。

姓名	级别
范佳嫒	科员
吴蒙	副处级
秦铁汉	正处级
王奕伟	科员
朱晓	副处级
张翠	正处级
沈君	科员

5.5.3 让 VLOOKUP 也能向左查找引用

VLOOKUP 可以查找引用任何类型的数据，它在职场中极为常用，可是许多职场人士在使用过程中，会发现它有个致命的缺点：不能向左查找引用。

"不能向左查找引用"是 VLOOKUP 函数本身的参数限制导致的，因为 VLOOKUP 的第 2 个参数"区域"中，需要以"查找列"为第 1 列，而且第 3 个参数"列数"也只能输入正数，这也就意味着 VLOOKUP 只能引用"查找列"右侧的列。

查找列	...	引用列	...

而在实际工作中，无法做到引用列一定在查找列的右边，因为他人在制作数据表时不一定会考虑到这一点。而且不能因为需要查找引用就调整数据表各列的顺序，这样会影响数据表的正常解读，如何能够克服 VLOOKUP 这个缺点呢？

以在下图所示的 T56:U64 单元格区域"根据邮箱找姓名"为例。

	T	U
56	邮箱	姓名
57	M*REP@qq.com	
58	M*RGK@163.com	
59	F*ANK@qq.com	
60	F*RANR@163.com	
61	F*S@163.com	
62	F*RIB@sina.com.cn	
63	B*ONAP@qq.com	
64	B*LID@sina.com.cn	

查找列是"邮箱"，引用列是"姓名"，在原数据表中，作为引用列的"姓名"在查找列"邮箱"的左侧。

姓名	...	邮箱	...

解决方案分为两个步骤，首先将"姓名"和"邮箱"两列单独"拿"出来，互换位置后重新组成一张新的表，然后再使用 VLOOKUP 函数从左向右查找引用就可以了。

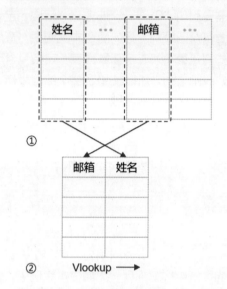

而这个解决方案中的第 1 步，是将"姓名"和"邮箱"互换位置，需要用到条件函数 IF。完整的函数如下图。

IF({1,0},[邮箱],[姓名])

IF 函数中的第 1 个参数是 {1,0}，这是什么意思呢？ {1,0} 是数组的写法。整个函数可以理解为两个 IF 函数结果的组合："IF(1,[邮箱],[姓名])"和"IF(0,[邮箱],[姓名])"。"IF(1,[邮箱],[姓名])"的结果是"[邮箱]"，"IF(0,[邮箱],[姓名])"的结果是"[姓名]"，将两个结果组合后，就是一个新的数组"{[邮箱],[姓名]}"，可以理解为是"邮箱"和"姓名"两列组成的一张新表。

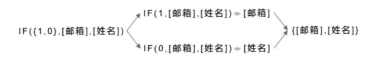

了解了如何从原数据表中将"姓名"和"邮箱"拿出来，并互换其位置组成新表后，接下来就可以进行查找引用了。

单击 U2 单元格，单击"插入函数"按钮，双击"VLOOKUP"，在"Lookup_value"输入框中单击需要查找的 T57 单元格，在"Table_array"输入框中输入上述 IF 函数，"邮箱"和"姓名"区域的引用通过选中 N2:N53 和 A2:A53 单元格区域完成。

在"Col_index_num"输入框中输入引用的列数"2"，因为当前新表中只有两列。

在"Range_lookup"输入框中输入精确匹配的"0"，然后单击"确定"按钮。

让 VLOOKUP 能向左查找引用的核心，是使用了 IF 函数，而由于它是直接将需要查找和引用的两列取出，这也就意味着第 3 个参数一定是"2"，我们不需要像普通地使用 VLOOKUP 函数时，找引用列在第几列了，它也可以让 VLOOKUP 函数的编写变得省力。

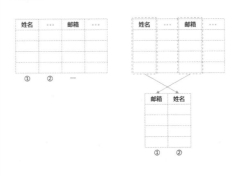

5.5.4　让 VLOOKUP 向左向右都能自动填充

在与多名职场人士交流中，我发现他们在聊到 VLOOKUP 函数时，都会提到一个问题，那就是"制作新表时，VLOOKUP 无法向左向右自动填充"。

举个例子，在下图所示的 V56:Y69 单元格区域中，需要获取部分人员的体检信息。

	V	W	X	Y
56	姓名	性别	实发工资	是否体检
57	王庆红			
58	吴慧玲			
59	马尚昆			
60	沈君			
61	王平			
62	奈欢雯			
63	李清华			
64	朱晓			
65	张翠			
66	沈君			
67	王平			
68	顾凌昊			
69	凌英姿			

像这种在从数据表中获取部分数据的情况，首选就是使用 VLOOKUP 函数。你已经可以在 W57 单元格处熟练地使用 VLOOKUP 函数来完成查找"姓名"，并引用"性别"的操作。

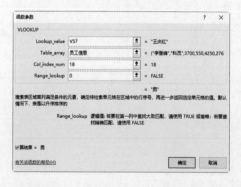

将这个结果向下自动填充时，没有任何问题，可是当将这个结果向右填充时，却出现了错误。

	V	W	X	Y	
56	姓名	性别	实发工资	是否体检	
57	王庆红	男	#N/A	#N/A	
58	吴慧玲	男	#N/A	#N/A	
59	马尚昆	男	#N/A	#N/A	
60	沈君	男	#N/A	#N/A	
61	王平	女	#N/A	#N/A	
62	奈欢雯	男	#N/A	#N/A	
63	李清华	男	#N/A	#N/A	
64	朱晓	男	#N/A	#N/A	
65	张翠	男	#N/A	#N/A	
66	沈君	男	#N/A	#N/A	
67	王平	女	#N/A	#N/A	
68	顾凌昊	女	#N/A	#N/A	
69	凌英姿	男	#N/A	#N/A	

单击 X57 单元格，并按 F2 键查看单元格的函数。经过分析，发现错误的原因出现在两个地方：查找列没有固定，导致在向右自动填充时，查找到从 V57 变成了 W57；需要引用的"实发工资"并不是第 18 列。

	V	W	X	Y
56	姓名	性别	实发工资	是否体检
57	王庆红	男	=VLOOKUP(W57,员工信息,18,0)	#N/A
58	吴慧玲	男	#N/A	#N/A
59	马尚昆	男	#N/A	#N/A
60	沈君	男	#N/A	#N/A
61	王平	女	#N/A	#N/A
62	奈欢雯	男	#N/A	#N/A
63	李清华	男	#N/A	#N/A
64	朱晓	男	#N/A	#N/A
65	张翠	男	#N/A	#N/A
66	沈君	男	#N/A	#N/A
67	王平	女	#N/A	#N/A
68	顾凌昊	女	#N/A	#N/A
69	凌英姿	男	#N/A	#N/A

如果能解决这两个问题，那么 VLOOKUP 函数就可以实现向左向右的自动填充了。

首先解决第 1 个问题，将用于查找的 V57 单元格固定。单击 W57 单元格，在编辑栏中选中 V57 单元格，并按 F4 键，"V57"变成了"$V$57"。

按 F4 键让"V57"变成了"$V$57"，也就是固定了 V 列、第 57 行，但是这样会导致在自动填充时，V57 单元格不进行自动填充，从而导致 W 列的其他单元格一直使用的是 V57 单元格，而且其他列也是使用 V57 单元格。除了 W57 单元格需要使用 V57 单元格的数据外，其他单元格都不会用到 V57 单元格。

我们需要的是固定列，而不固定行，若都固定了，也就是说，W57 单元格使用的是 V57 单元格的数据，X57 单元格使用 V57 单元格的数据，Y57 单元格也使用 V57 单元格的数据，其他行依此类推。

	V	W	X	Y
56	姓名	性别	实发工资	是否体检
57	王庆红	男		
58	吴慧玲			
59	马尚昆			
60	沈君			
61	王平			
62	亲欢雯			
63	季清华			
64	朱晓			
65	张翠			
66	沈君			
67	王平			
68	顾凌昊			
69	凌英姿			

如何实现只固定列，不固定行呢？单击 W57 单元格，在编辑栏中选中"$V$57"，按两次 F4 键。

$$\$V\$57 \xrightarrow{F4} V\$57 \xrightarrow{F4} \$V57$$

无须记忆按 F4 键的次数，只需观察结果变成"$V57"即可。"$V57"的意思就是只固定 V 列，不固定 57 行。此时重新通过拖曳"十"字，向下自动填充，并向右自动填充，查看结果，所有的数据都可以显示了，只是引用列仍需修改。

	V	W	X	Y
56	姓名	性别	实发工资	是否体检
57	王庆红	男	男	男
58	吴慧玲	男	男	男
59	马尚昆	男	男	男
60	沈君	男	男	男
61	王平	男	男	男
62	亲欢雯	男	男	男
63	李清华	男	男	男
64	朱晓	男	男	男
65	张翠	男	男	男
66	沈君	男	男	男
67	王平	男	男	男
68	顾凌昊	男	男	男
69	凌英姿	男	男	男

完成了查找列的固定后，接下来就要来解决第 2 个问题了：引用列并不一定是第 18 列。

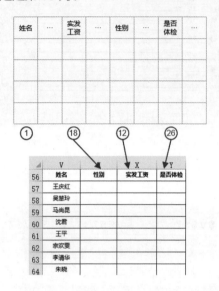

难道每一列都需要人工去数引用列所在的列数吗？这个过程可以由 Excel 来完成。我们先分析一下这个过程，比如以"实发工资"为例，它所在的列数就是"实发工资"在数据表的第 1 行中的第几个。

这个数的操作可以使用 MATCH 函数来完成。单击 W57 单元格，单击"插入函数"按钮，在弹出的对话框中，将第 3 个参数删除，并在名称框中单击"其他函数"。

在弹出的对话框中输入"查找"，并单击"转到"按钮，双击"MATCH"。

此时弹出的对话框是在 VLOOKUP 的第 3 个参数"Col_index_num"输入框中打开的。根据参数的提示，在"Lookup_value"输入框中输入需要查找的 W56 单元格，由于会进行上下自动填充和左右自动填充，W56 是需要固定行，不固定列，所以只在行号前加上"$"。

	V	W	X	Y
56	姓名	性别	实发工资	是否体检
57	王庆红			
58	吴慧玲			
59	马尚昆			
60	沈君			
61	王平			
62	奈欢雯			
63	李清华			
64	朱晓			

在"Lookup_array"输入框中选中需要计算位置的 A1:AB1 单元格区域，在"Match_type"输入框中输入"0"，

代表计算位置时，使用"等于"匹配值，而不是"小于或等于"，最终单击"确定"按钮。

此时再将 W57 单元格向下并向右填充，发现数据已经可以正常显示。

	V	W	X	Y
56	姓名	性别	实发工资	是否体检
57	王庆红	男	6778.75	已体检
58	吴慧玲	男	4768.5	未体检
59	马尚昆	男	5357.55	已体检
60	沈君	男	3973.75	已体检
61	王平	女	5768.95	已体检
62	奈欢雯	男	5142.5	未体检
63	李清华	男	5684.8	已体检
64	朱晓	男	5740.9	已体检
65	张翠	男	7077.95	已体检
66	沈君	男	3973.75	已体检
67	王平	女	5768.95	已体检
68	顾凌昊	女	4039.2	已体检
69	凌英姿	男	4020.5	已体检

在 V70 单元格中输入"何远帆"，在 Z56 单元格中输入"级别"，然后重新进行自动填充，检验函数设置的正确性，最后发现没有发生错误。

	V	W	X	Y	Z
56	姓名	性别	实发工资	是否体检	级别
57	王庆红	男	6778.75	已体检	正处级
58	吴慧玲	男	4768.5	未体检	副科级
59	马尚昆	男	5357.55	已体检	正处级
60	沈君	男	3973.75	已体检	科员
61	王平	女	5768.95	已体检	副处级
62	奈欢雯	男	5142.5	未体检	正科级
63	李清华	男	5684.8	已体检	副处级
64	朱晓	男	5740.9	已体检	副处级
65	张翠	男	7077.95	已体检	正处级
66	沈君	男	3973.75	已体检	科员
67	王平	女	5768.95	已体检	副处级
68	顾凌昊	女	4039.2	已体检	科员
69	凌英姿	男	4020.5	已体检	科员
70	何远帆	女	4553.45	未体检	副科级

这也就是说，通过 VLOOKUP 函数嵌套 MATCH 函数可以解决 VLOOKUP 不能向左右填充的问题。如果你对这个函数比较陌生，可以直接从本案例中复制函数，稍加修改即可。

数据表名称　　　　　数据表名称
=VLOOKUP($V57,员工信息,MATCH(W$56,员工信息[#标题],0),0)
查找项　　　　　　　列名

如果能解决 VLOOKUP 函数"不能向左查找引用"和"不能向左向右自动填充"的问题，那么 VLOOKUP 函数将能帮助你解决查找引用时的绝大部分问题。

5.5.5　一步搞定复杂的阶梯式计算

在职场中，经常会碰到阶梯式的计算，比如作为一名销售人员，销售的金额越多，得到的提成也就越多。

在本案例中，需要给每个员工的业绩设置提成，业绩总额在 5 000 元以下提成比例为 1%，业绩总额在 50 000~100 000 元提成比例为 2%，业绩总额 100 000~150 000 元提成比例为 3%，业绩总额在 150 000 元以上提成 5%。

区间	提成
<50000	1%
50000~100000	2%
100000~150000	3%
>150000	5%

有经验的人士会想到使用条件函数来解决，不过当前案例有 4 个判断，可能需要使用 3 个条件函数 IF 才能解决。解决的思路如下图所示。

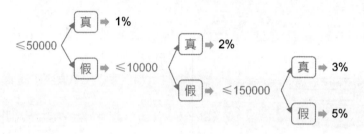

最终的函数如下图所示。

=IF([@业绩]<=50000,1%,IF([@业绩]<=100000,2%,IF([@业绩]<=150000,3%,5%)))

当阶梯越多，条件函数 IF 的嵌套也就越多，这样不但不利于函数的编写，而且万一阶梯的数额或提成发生改变，很难一目了然地进行修改。

有没有一种方法可以一目了然地显示各阶梯的数据和提成，而且不用那么长的函数呢？可以使用 VLOOKUP 函数完成。

首先需要设置阶梯提成的区间，设置内容已填写在 R57:S60 单元格区域。设置时需要将阶梯数值单独写在单元格中，不能写成"0~50000"，而且需要去除符号，不能写成"<50000"。

区间	提成百分比
<50000	1%
50000~100000	2%
100000~150000	3%
>150000	5%

✕

区间	提成百分比
0	1%
50000	2%
100000	3%
150000	5%

✓

而在解读这个阶梯提成区间时，可以使用"7"字解读，比如 0~50 000 之间对应 1% 的提成，50 000~100 000 之间对应 2% 的提成。在解读每个阶梯时，使用像"7"一样的符号来解读"区间"和"提成"的关系。

▲	R	S
56	区间	提成百分比
57	0	1%
58	50000	2%
59	100000	3%
60	150000	5%

▲	R	S
56	区间	提成百分比
57	0	1%
58	50000	2%
59	100000	3%
60	150000	5%

▲	R	S
56	区间	提成百分比
57	0	1%
58	50000	2%
59	100000	3%
60	150000	5%

▲	R	S
56	区间	提成百分比
57	0	1%
58	50000	2%
59	100000	3%
60	150000	5%

设置完阶梯提成区间之后，接下来要做的就是设置函数了。单击 AB2 单元格，单击"插入函数"按钮，双击"VLOOKUP"，在"Lookup_value"输入框中单击需要查找的数据所在的 AA2 单元格，在"Table_array"输入框中选中之前设置的阶梯提成区间所在的 R57:S60 单元格区域；在"Col_index_num"输入框中输入"2"，代表需要阶梯提成区间所在区域的第 2 列，在"Range_lookup"输入框中输入"1"，代表大致匹配，也就是我们需要的阶梯匹配，并单击"确定"按钮。

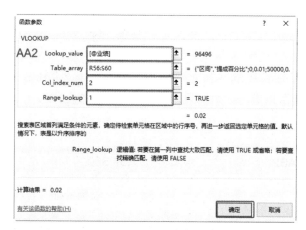

观察经过自动填充的数据表后发现了两个问题，第 1 个问题，前 3 行显示的并不是提成，而只是提成的百分比；第 2 个问题，第 4 行开始显示的是"#N/A"。

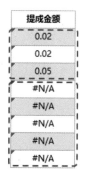

第 1 个问题，是因为我们在设置函数时只是找到了业绩对应的提成百分比，没有进行提成金额的计算，所以只需在函数后方添加"* 业绩"即可。单击 AB2 单元格，在编辑栏中的函数末尾添加乘号"*"，并单击 AA2 单元格。

此时的数据已经显示正确，但是第 2 个问题：第 4 行开始为什么都是"#N/A"呢？"#N/A"代表"函数或公式中没有可用数值"。单击 AB5 单元格，按 F2 键查看单元格的函数，发现 VLOOKUP 的第 2 个参数，阶梯提成区间所在的单元格区域从 R57:S60 变成了 R60:S63。

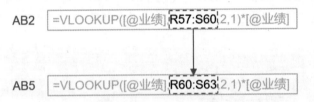

这是自动填充导致的，此时可以按 F4 键，对"阶梯提成区间"所在的 R57:S60 单元格区域进行绝对引用，或者是对该区域设置名称，这样就不会产生此问题了。

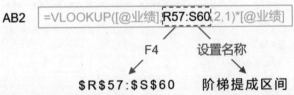

本书使用的是第 2 种方法，而且为了防止以后会增加阶梯提成区间，所以多选 10 行，选中 R57:S70 单元格区域，在名称框中输入"阶梯提成区间"。

单击 AB2 单元格，在编辑栏中将 "R57:S60" 修改为 "阶梯提成区间" 即可，此时 AB2:AB53 单元格区域完成了自动填充。

由于提成金额是数字，需要右对齐才能便于阅读，而又鉴于每个单元格的小数位不相同，有的有一位小数，有的有两位小数，所以选中 AB1:AB53 单元格区域，单击【开始】选项卡中的 "增加小数位" 按钮和 "减少小数位" 按钮各一次，使这列的小数位数统一，最后单击 "右对齐" 按钮。

专栏　常见的错误信息不用背

上一节中，当单元格中的公式计算出现错误时，单元格内出现了 "#N/A"，这只是 Excel 中 8 个常见错误提示中的一种，下面介绍导致这 8 个常见错误发生的原因。

	错误值	原因
1	#####	单元格所含的数字、日期或时间的长度比单元格宽，或者单元格内的日期、时间公式计算出了一个负值
2	#VALUE!	使用了错误的参数或运算对象类型，或者公式自动更正功能不能更正公式
3	#DIV/0!	公式中的除数是 0
4	#N/A	函数或公式中没有可用数值
5	#REF!	单元格引用无效
6	#NUM!	公式或函数中的某个数字有问题
7	#NULL!	使用了不正确的区域运算符或不正确的单元格引用
8	#NAME?	未识别公式中的文本时，出现错误

许多 Excel 高手都会把发现这些错误信息的原因背下来，而我并不建议这么做，为什么呢？

除了第一种显示 "#####" 的情况，只需要将单元格拉宽之外，其他 7 种常见错误都需要检查该单元格的公式或函数中的错误。我们在检查错误时通常都会从左至右一一检查，最终检查出错误，而这个过程中并没有用到 Excel 给我们的错误提示信息。既然如此，又何必把每种错误信息背下来呢？我们只需要知道"单元格有错误"即可。

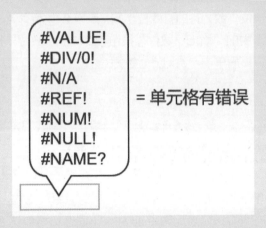

本节提供了查找引用函数解决 5 个实际问题的解决方案，加上之前讲的提取单元格数据的 2 种方法、判断函数的 2 个应用、日期函数的 7 个使用方法和统计函数的 7 个应用，共计 23 个常见问题的解决方案，可以帮助你实现快速成为 Excel 高手的目标，解决工作中的大部分问题。

第6章

化繁为简——利用Excel 完成方案选择

在使用 Excel 处理生产数据、经济数据、销售数据和财务数据时，经常需要对已有的信息进行处理和判断，以做出对自己和公司最有利的方案。比如一个销售汽车的公司，它需要计算每个月至少销售多少台汽车才能保本；公司存在一批库存商品，需要招聘多少名销售人员能以最低的支出将这些库存商品全部销售出去；一个生产车间中，有 A、B、C 共 3 种产品，如何规划这 3 种产品的产量才能使利润最大化。

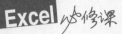

—Excel 表格制作与数据分析

本章的主要内容为利用 Excel 完成方案选择的 3 个功能：单变量求解、模拟运算表和规划求解。

6.1 寻找盈亏临界点：单变量求解

扫码看视频

一个汽车销售公司每个月的房租和人员等固定成本为 500 000 元，唯一的收入来源是汽车的销售。每销售一台汽车，平均可以得到 200 000 元的销售额，但是每台车的提取、运输、检查和仓储等操作的总平均成本为 30 000 元，计算该汽车销售公司每个月需要销售多少台车才能保本。

像这种无法直接计算，存在多种方案可以选择的情况（可以选择销售 1 台、销售 2 台或销售更多台汽车的方案），采用的解决流程通常有以下 3 个步骤：转化已知条件、选择方法和执行运算。

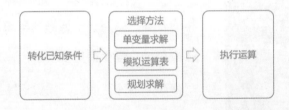

1.转化已知条件

根据问题的描述，将所有的已知条件制作成下图所示的表格（详见本书配套教学资源中的"盈亏临界点"工作表），其中唯一的可变的数值是"销售数量"，对它使用灰色底纹与其他单元格进行区分。

不同的销售数量，会导致不同的销售金额和销售成本，从而影响总利润，而本案例中追求的最终结果"保本"，其实就是计算在销售数量为多少时，总利润为"0"。

01 为每个空单元格设置公式。在 D3 单元格中输入"1"，假设销售数量为 1；在 C7 单元格中输入公式"=C6*D3"，代表"销售总计 = 单位销售金额 × 销售数量"。

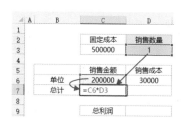

02 在 D7 单元格中输入公式"=D6*D3"，代表"销售成本总计 = 单位销售成本 × 销售数量"。

03 在 D9 单元格中，输入公式"=C7-C3-D7"，代表"总利润 = 总销售金额 - 固定成本 - 总销售成本"。

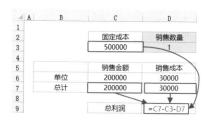

2.选择方法

对于方案选择的问题，Excel 中有 3 种常用的功能：单变量求解、模拟运算表和规划求解。

（1）"单变量求解"用于单个变量，且目标结果值固定。

（2）"模拟运算表"用于 1~2 个变量，呈现多种运算结果。

（3）"规划求解"用于多个变量、多个条件计算结果。

在此案例中，只有一个变量"销售数量"，且目标结果是固定值，即总利润为"0"，这种情况下就使用单变量求解的功能。

3.执行运算

01 单击【数据】选项卡中的"模拟分析"按钮，并单击"单变量求解"。

02 在弹出的对话框中，将光标放置在"目标单元格"的输入框中，单击 D9 单元格，将"目标值"设置为"0"，在"可变单元格"中选中 D3 单元格。

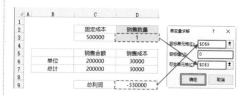

03 当单击"确定"按钮后，Excel 就会开始进行运算，此时"确定"按钮不可用，等待数秒直至出现"确定"按钮时，单击"确定"按钮。

通过计算，当销售数量约为 2.9 时，总利润为 0。但是销售数量不能为小数，也就是说，当销售数量超过 3 台汽车时，可以确保公司实现"保本"。

	固定成本	销售数量
	500000	2.941176471
	销售金额	销售成本
单位	200000	30000
总计	588235.2941	88235.29412
	总利润	0

6.2 计算不同情况结果：模拟运算表

某公司存在一批库存商品，该库存商品的数量为 300 件。这些产品在全部销售完前，需要占用仓库，为保存这些库存商品，仓库每天会消耗 1 500 元的成本。为了将这些库存商品尽快地销售出去，公司决定招聘销售人员。已知每名销售人员预计每天可以销售 10 件产品，且每名销售人员每个月的固定工资为 3 500 元。需要招聘多少名销售人员才能以最少的支出，将这些库存商品全部销售出去呢？

像这种无法直接计算，存在多种方案可以选择的情况（可以选择招聘 1 个销售人员，2 个销售人员或更多销售人员），采用的解决流程仍然为以下 3 个步骤：转化已知条件、选择方法和执行运算。

1.转化已知条件

根据问题的描述，将所有的已知条件制作成右图所示的表格（详见本书配套教学资源中的"不同情况结果"工作表），其中唯一的可变的数值是"销售人员数量"，对它使用灰色底纹与其他单元格进行区分。

不同的销售人员数量，会导致不同的实际销售天数、人员工资和库存成本，

从而影响总支出，而本案例中追求的总支出最小，其实就是计算在销售人员的数量为多少时，总支出最少。

01 为每个空单元格设置公式。在 E3 单元格中输入"1"，假设销售人员数量为 1；在 F3 单元格中输入公式"=C3/(D3*E3)"，代表"实际销售天数 = 产品总数 ÷ 每天销售数"，而"每天销售数 = 人均每天销售数 × 销售人员数量"。

02 在 C7 单元格中输入公式"=E3*C6"，代表"总人员工资 = 单位人员工资 × 销售人员数量"。

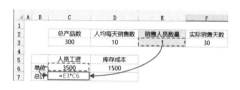

03 在 D7 单元格中，输入公式"=E3*C6"，代表"总库存成本 = 单位库存成本 × 实际销售天数"。

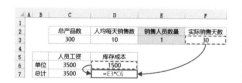

04 在 D9 单元格中，输入公式"=C7+D7"，代表"总支出 = 总人员工资 + 总库存成本"。

2.选择方法

对于方案选择的问题，Excel 中有 3 种常用的功能：单变量求解、模拟运算表和规划求解。

而在此案例中，只有一个变量"销售人员数量"，但目标结果不是固定值，需要经过多次计算才能确定总支出在哪种情况下最小。这时使用 Excel 的"模拟运算表"功能。

3.执行运算

01 如果需要使用"模拟运算表"功能，就需要将所有变量的可能结果罗列出来，比如销售人员为 1~15 名，那么可以在 H2:H16 单元格区域通过自动填充 1~15。并将 I2 单元格设置为"=D9"，代表当销售人员数量为 1 时，总支出的结果是 48 500。

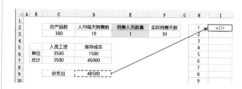

02 接下来，就由 Excel 完成，当销售人员的数量为 2、3、4 等值时，总支出分别为多少。

选中 H2:I16 单元格区域，单击【数据】选项卡中的"模拟分析"按钮，并单击"模拟运算表"。

03 因为需要计算的总支出是 I2:I16 这一列的数据，所以在弹出的对话框中，将光标放在"输入引用列的单元格"输入框中，单击 E3 单元格，并单击"确定"按钮。

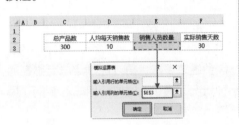

观察 H2:I16 单元格区域，"模拟运算表"功能将不同人数的总支出情况进行了计算，发现在招聘 4 名销售人员时，总支出最少，为 25 250 元。

1	48500
2	29500
3	25500
4	25250
5	26500
6	28500
7	30928.57
8	33625
9	36500
10	39500
11	42590.91
12	45750

6.3 寻找利润最大化的方案：规划求解

　　某公司可以生产 3 种产品，分别是产品 A，产品 B 和产品 C。产品 A 的原料采购上限为 2 000 件，每件成本 28 元，每件利润为 6 元；产品 B 的原料采购上限为 2 000 件，每件成本 32 元，每件利润为 8 元；产品 C 的原料采购上限为 3 000 件，每件成本 41 元，每件利润为 11 元。而公司的总投资额为 200 000 元，如何将这 200 000 元进行分配，分别生产多少件不同的产品，最后能让利润最大呢？

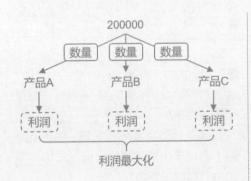

　　像这种无法直接计算，存在多种方案可以选择的情况（可以选择产品 A 生产最多，或者产品 B 生产最多等），采用的解决流程仍然是以下 3 个步骤：转化已知条件、选择方法和执行运算。

1.转化已知条件

根据问题的描述，将所有的已知条件制作成右图所示的表格（详见本书配套教学资源中的"利润最大化方案"工作表），其中可变的数值是产品的实际生产数量，对它使用灰色底纹与其他单元格进行区分。

01 在 F6 单元格、F7 单元格和 F8 单元格分别输入"1"，代表产品 A、产品 B 和产品 C 的生产数量都为 1。在 D9 单元格中，输入公式"=D6*F6+D7*F7+D8*F8"，代表"总成本 = 产品 A 的单位成本 × 实际生产数量 + 产品 B 的单位成本 × 实际生产数量 + 产品 C 的单位成本 × 实际生产数量"。

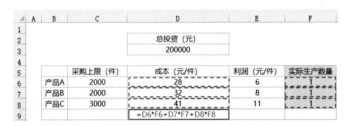

02 在 E9 单元格中，输入公式"=E6*F6+E7*F7+E8*F8"，代表"总利润 = 产品 A 的单位利润 × 实际生产数量 + 产品 B 的单位刘润 × 实际生产数量 + 产品 C 的单位利润 × 实际生产数量"。而本案例，就是希望总利润最大化。

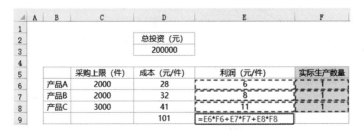

2.选择方法

对于方案选择的问题，Excel 中有 3 种常用的功能：单变量求解、模拟运算表和规划求解。

而在此案例中，有 3 个变量，而且目标结果不是固定值，需要经过多次计算才能确定利润在哪种情况下最大。这时使用 Excel 的"规划求解"功能。

3.执行运算

01 由于 Excel 的"规划求解"功能默认情况下是隐藏的，需要手动开启。单击【开发工具】选项卡中的"Excel

加载项"按钮。

02 在弹出的对话框中，选择"规划求解加载项"，并单击"确定"按钮。

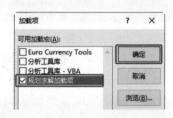

03 单击【数据】选项卡中的"规划求解"按钮。

04 在弹出的对话框中，将光标放在设置目标输入框中，单击已经设置完公式的 E9 单元格，并选中"最大值"单选按钮，在"通过更改可变单元格"输入框选中各产品的数量所在的 F6:F8 单元格区域，然后单击"添加"按钮。

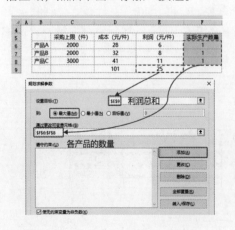

此时将本案例中的 5 个约束条件依次输入。

条件 1：产品 A 的采购数量不大于 2 000 件。

条件 2：产品 B 的采购数量不大于 2 000 件。

条件 3：产品 C 的采购数量不大于 3 000 件。

条件 4：总成本不大于总投资 200 000 元。

条件 5：各产品的销售数量都是整数。

05 条件 1：产品 A 的采购数量不大于 2 000 件。在"单元格引用"输入框中单击产品 A 的实际生产数量 F6 单元格，在"约束"输入框中单击产品 A 的采购上限 C6 单元格。为什么不在此处直接输入"2000"，而是单击存放"2000"的 C6 单元格呢？因为如果约束条件发生变化，那么使用单元格的方法就不用重新修改约束条件，而手动输入的方法，则需要重新修改约束条件。完成设置后，单击"添加"按钮。

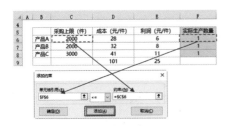

06 条件 2：产品 B 的采购数量不大于 2 000 件。在"单元格引用"输入框中单击产品 B 的实际生产数量 F7 单元格，在"约束"输入框中单击产品 B 的采购上限 C7 单元格，并单击"添加"按钮。

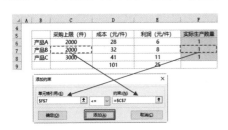

07 条件 3：产品 C 的采购数量不大于 3 000 件。在"单元格引用"输入框中单击产品 C 的实际生产数量 F8 单元格，在"约束"输入框中单击产品 C 的采购上限 C8 单元格，并单击"添加"按钮。

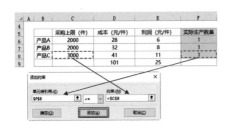

08 条件 4：总成本不大于总投资 200 000 元。在"单元格引用"输入框中单击总成本 D9 单元格，在"约束"输入框中单击总投资 D3 单元格，并单击"添加"按钮。

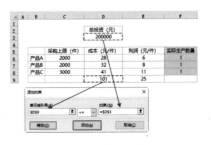

09 条件 5：各产品的销售数量都是整数。在"单元格引用"输入框中选中各产品实际生产数量所在的 F6:F8 单元格区域，从中间的下拉列表中选中"int"，并单击"确定"按钮。

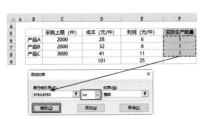

10 添加完所有的约束条件后，单击"求解"按钮。

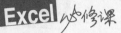
11 在弹出的对话框中单击"确定"按钮。

此时在表格中已计算出了满足约束条件的各产品的生产数量，当产品 A 生产464 件，产品 B 生产 2 000 件，产品 C 生产 3 000 件时，可以获得最大利润51 784 元。

	采购上限（件）	成本（元/件）	利润（元/件）	实际生产数量
产品A	2000	28	6	464
产品B	2000	32	8	2000
产品C	3000	41	11	3000
		199992	51784	

职场经验

在实际工作中，需要从多个方案中选出最优策略的情况非常常见，比如在薪酬管理中，需要运算如何分配年终所得税额度和12月的税额，才能让企业缴纳的税最少；在企业面对不同的投资产品及其不同的回报率时，如何分配现有资金，才能让企业利益最大化。而不管是再复杂的情况，都是使用以下3个步骤：转化已知条件、选择方法和执行运算。

第7章

数据分析报告应该这样写

　　数据分析报告就是对一张分类汇总表或一张数据透视表，进行的分析汇报。这样碎片化的汇报如果能组成可供打印或进行演讲的文稿，那么将突显你在工作岗位上的价值，帮助你升职加薪。

　　本章围绕一份完整的数据分析报告该如何制作进行介绍，同时提供各种情境下的数据分析案例。

7.1 用《数据分析报告》来展现你的工作成果

你在工作中的付出无法全部都被其他人看到,而《数据分析报告》就是展现你的工作成果的绝佳工具。

7.1.1 使用《数据分析报告》的 4 种工作情境

什么时候需要制作《数据分析报告》呢?《数据分析报告》会出现在右图所示的 4 种工作情境中。

扫码看视频

"日常分析"、"综合报告"、"专题分析"和"专题报告"的受众、呈现方式和目的各有不同,它们的详细区别如下表所示。

	受众	方式	目的	举例
日常分析	同事	讨论	分析 + 决策	《2020 年 12 月数据通报》
综合报告	领导	演讲	汇报	《2020 年度销售业绩报告》
专题分析	同事	讨论	分析 + 决策	《2020 年业绩下滑专题分析》
专题报告	领导	演讲	汇报	《2020 年业绩下滑专题报告》

"日常分析"是同事们在一起进行的定期讨论,目的是分析数据的现状、原因和趋势,并制定各种决策。

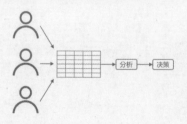

通常是大家围坐在投影仪前,由一个人完成 Excel 的实时操作。如果你已经有了一些思路,可以将自己对数据进行的分类和统计的结果打印出来,供其他人参考,例如《2020 年 12 月数据通报》。

"综合报告"通常会是在每个季度或每一年度,面对领导进行的演讲。目的就是汇报上一季度数据的现状、原因与趋势，并提供相应的决策。

在这个过程中，为了提高数据的可信度，突显你的工作成果，需要使用PPT 版的《数据分析报告》进行演讲，并同步制作一份《数据分析报告》的纸质版，供领导思考和批示。汇报的整个过程不会出现 Excel 界面，这也就意味着，要使用 Word 和 PPT 来呈现结果，例如《2020 年度销售业绩报告》。

"专题分析"是指根据当前出现的问题，与同事围坐在一起探讨解决问题的方案。"专题分析"与"日常分析"相同，大家以 Excel 的实时操作为主，分析现状、原因和趋势，从而制定相应的决策。

"专题报告"是将"专题分析"的决策汇报给领导的一个过程。整个过程中不会出现 Excel，只会使用到 Word 和 PPT。

也就是说，"日常分析"与"专题分析"会直接操作 Excel，这样可以实时进行图表的创建与操作，你不需要掌握本节的知识就可以胜任这类工作。

"综合报告"和"专题报告"则需要制作用于打印的 Word 和用于演讲的PPT，而制作 Word 和 PPT 的思路，将会是本节的重点。

7.1.2 一张图说清楚《数据分析报告》的结构

无论是 Word 还是 PPT，它们的整体结构都是一样的。

标题页是为了让领导能够一眼看出本次分析报告的主题，而《数据分析报告》标题的制定可以归纳为 6 种类型：主题、现象、原因、趋势、决策和利益。

7.1.3 制定"标题"的思路

以下 6 种标题都是在数据分析和汇报过程中产生的，所以不需要额外花费精力去思考。你也可以制定一些创造性的标题，比如《谁动了我的市场》《如何让公司上市》。

标题类型	说明	实例
主题	本次报告的主题	《2020 年上海地区销售汇报》 《第 4 季度人员薪资汇总》

续表

标题类型	说明	实例
现象	数据反映出的现象	《产品库存配置不合理》 《公司占有 70% 的市场》
原因	数据分析中得出的原因	《人才梯队不完善导致业绩低迷》 《客户是怎么流失的？》
趋势	数据的趋势	《主营业务收入明年将平稳上涨》 《部门下一季度业绩将会下滑》
决策	数据分析后做出的决策	《生产部门需要招聘新员工》 《北京地区产品需要整改》
利益	决策实施后可以获得的利益	《如何让成本降低 10%》 《怎样获得千万利润》

在制作 Word 和 PPT 版本的《数据分析报告》时，需要在标题页加上自己的信息和汇报时间，如右图所示。

7.1.4　编写"目录"的思路

目录可以在短时间内让领导知道接下来的汇报由哪些内容组成，所以需要在目录中列出各章节的名称。同时，目录的章节可以反映出数据分析的思路。而在 Word 版的《数据分析报告》中，还需要为各章加上页码，方便领导快速翻阅，如右图所示。

7.1.5　编写"报告背景"和"分析目的"的思路

"报告背景"是一个引子，将领导慢慢带入听取数据汇报的过程。

扫码看视频

如果没有背景，数据报告会显得非常突兀。通常"报告背景"会描述与汇报内容相关的一些现状，看以下案例。

报告背景：我公司的业务范围覆盖21个省市，其中在北京的业务已经开展了6年，这6年的销售业绩稳定，现在占据整个公司主营业务收入的20%以上。

"分析目的"用于描述本次汇报的目标，通常就是将各个具体分析中的"相关利益"集合在一起，让领导在听取汇报之前就能够提起兴趣，然后再加上"具体分析"部分的各名称就可以了，看以下案例。

分析目的：北京是如何保持销售业绩稳定的呢？如何将北京的成功经验复制到其他区域，以实现公司利润的爆发式增长呢？接下来，我将从网点成本分析、产品利润分析和各月销售分析3个角度展开说明。

7.1.6 编写"具体分析"的思路

首先对数据进行"分类"和"统计"，然后通过"对比"，分析得出当前的"现状"如何？是什么"原因"导致了现状？如果不改变，将来的"趋势"会怎样？通过这一系列的思考，可以做出怎样的决策，同时给出这个决策所带来的"相关利益"，最后用"基础数据"作为决策支撑。

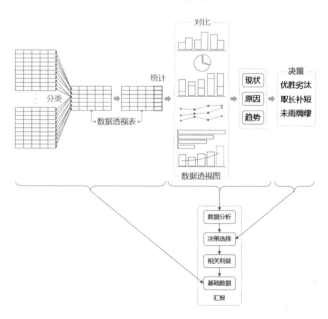

需要注意的是，在本书的数据分析过程中，会有数据透视表和数据透视图两部分。在汇报的PPT中，由于是用于汇报而不是分析，所以只会出现数据透视图。

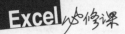

而在 Word 中，可以同时出现数据透视表和数据透视图。

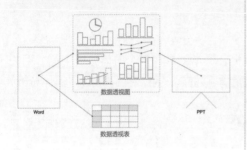

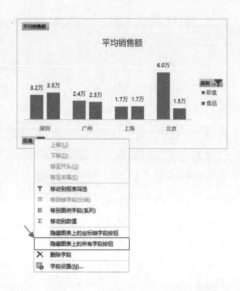

为了提升数据透视图的美观性，一般需要隐藏数据透视图上的"按钮"。这些按钮只在讨论时供分析不同的数据而用，汇报时不会使用。隐藏方法如下。

7.1.7 编写"相关利益"的思路

在数据分析报告中，"数据分析""决策选择""基础数据"都来自本书所介绍的内容，只剩下"相关利益"需要自己花费精力去思考。而"相关利益"也有思路，通常，"相关利益"来自以下 8 个方面。

类别	相关利益
员工	考试通过率提升、晋升通道和岗位宽度增加、指标完成率提升、执行力提升、领导力提升、工作效率提升
产品	产品成本降低、合格率提升、库存降低、流通成本降低、优品率提升、产品错误率降低
人力	人力成本降低、人员错误率降低、人才流失率降低、人员能效比增高、员工满意度提升
销售	销售成本降低、销售额增长、销售均单增加、销售成功率提升、利润增长
营销	市场占有率提高、市场影响加大、品牌形象提升、市场风险规避
财务	主营业务成本降低、资产流动率提升、盈利能力提升、资本金利润率提升

续表

类别	相关利益
客户	客户满意度提升、客户黏度增加、客户投诉率降低、大客户数增多、客户浏览量增加
领导	领导业绩压力降低、领导管理效率提升、领导精力支出减少

你可以根据自己的情况，选择合适的相关利益来进行汇报。

7.1.8　编写"综合结论"的思路

在完成了所有的具体分析后，就需要编写"综合结论"了。由于在具体分析的每个环节中都有相应的"决策选择"，所以只需要将所有的"决策选择"汇聚到一起就得到"综合结论"了。看以下案例。

扫码看视频

综合结论：综上所述，建议在下一年度开展全公司销售人员的培训、调整产品的库存策略，并将北京的营销方式复制到全国。

7.2　常见的数据分析该这么玩

Excel 在人力资源管理的工作中使用的频率颇高，人力资源管理的六大模块"战略规划""招聘配置""培训开发""薪酬管理""绩效福利""劳动关系"，无一不与 Excel 息息相关。

本节将介绍《2020 年度人力资源管理报告》中的"具体分析"部分，该部分包含了人员结构分析、薪资分析和员工绩效与能力分析等内容。

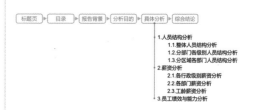

7.2.1　整体人员结构分析

在年度人力资源管理报告中，必定会出现的就是人员结构分析，如下页图所示。

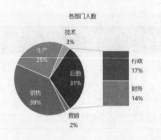

各部门人数

这张数据透视图的来源是下图所示的数据透视表，但是该数据透视表不会出现在报告中。

人数	
部门 ↓	**汇总**
营销	9
销售	166
生产	106
技术	14
行政	71
财务	59
总计	**425**

这是一张以"部门"为列，进行人数统计的数据透视表，用其制作了相应的复合条饼图。根据上图的数据，可以做出以下汇报。

"根据数据显示，后勤（行政＋财务）人员占比达到31%，高于市场平均值，建议缩减人员或进行换岗，这样可以降低人员成本；营销人员占比过低，

而销售人员占比高达 39%，公司在追求短期利益的同时忽略了长期市场，建议招聘新的营销人员，以提升公司的营销能力；生产人员占比合理，不需要调整人员；技术人员占比过低，远低于市场平均值，公司忽略了对技术人员的培养，建议招聘新的技术人员，以提升公司新产品开发的能力。"

以上内容就是按照汇报的思路来做的。

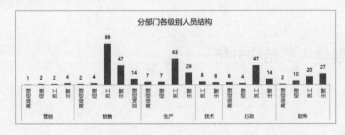

而决策的制定，也是遵循数据分析的思路：先寻找较大值和较小值，然后根据现状，取长补短。

7.2.2　分部门各级别人员结构分析

在对整体人员结构分析完毕后，就可以进行分部门各级别人员结构分析了。首先提供数据透视图。

分部门各级别人员结构

这张数据透视图的来源是下图所示的数据透视表，但是该数据透视表不会出现在报告中。

人数		
部门 ▼	行政级别 ▼	汇总
⊟营销	高级经理	1
	经理	2
	员工	2
	主管	4
营销 汇总		**9**
⊟销售	高级经理	2
	经理	4
	员工	99
	主管	47
	区域经理	14
销售 汇总		**166**
⊟生产	高级经理	7
	经理	7
	员工	63
	主管	29
生产 汇总		**106**
⊟技术	员工	8
	主管	6
技术 汇总		**14**
⊟行政	高级经理	6
	经理	4
	员工	47
	主管	14
行政 汇总		**71**
⊟财务	高级经理	2
	经理	10
	员工	20
	主管	27
财务 汇总		**59**
总计		**425**

它是将"部门"和"行政级别"作为列，统计人数个数的数据透视表。在实际汇报时，需要拆分成多个图表进行汇报。生产部门和行政部门结构合理，不需要分析汇报，其他部门详细的分析汇报如下。

"根据数据显示，财务部门中员工相对较少，而主管及以上的人员比重较大，远超员工，建议调整层级结构，以节省薪资支出。"

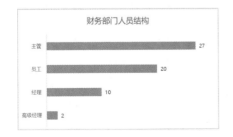

"在技术部门中，均为主管与员工，说明公司对技术人员并未建立序列管理系统，技术人员会与其他部门人员进行比较。建议建立序列管理系统，以降低技术人员的离职风险。"

"营销部门中，员工较少，主管及以上人员较多，明显为知识型部门。建议调整层级结构，以节省薪资支出。"

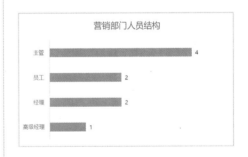

"销售部门的层级过多，建议重新梳理序列管理系统，以免决策反应过慢。"

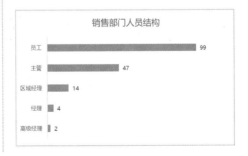

"详细的数据请查看各图表。"

这样的汇报遵从汇报的整体思路。

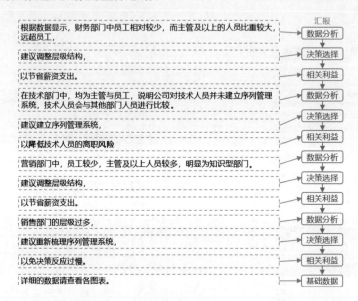

每个决策的制定仍然是通过对比寻找差异，以分析现状，做出取长补短的决策。

7.2.3　分区域各部门人员结构分析

按照区域和部门来统计人员结构的数据透视图如下。

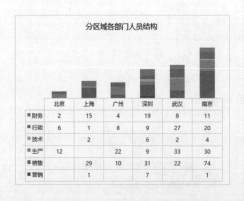

人数	部门						
区域	营销	销售	生产	技术	行政	财务	总计
北京	/	/	12	/	6	2	20
上海	1	29	/	2	1	15	48
广州	/	10	22	/	8	4	44
深圳	7	31	9	6	9	19	81
武汉	/	22	33	2	27	8	92
南京	1	74	30	4	20	11	140
总计	9	166	106	14	71	59	425

它是将"区域"作为列，"部门"作为行，统计人数合计的数据透视表，并采用了堆积柱形图的方式来显示数据透视图。在具体进行对比分析并制定决策时，还是需要拆分为多个图表进行汇报，详细的分析汇报如下。

这张数据透视图的来源是右图所示的数据透视表，但是该数据透视表不会出现在报告中。

"根据数据显示，南京的销售人员远超过其他区域，比深圳与上海的总和还多，建议结合销售报表和产品市场占有率，调整南京的销售人员人数，以减少南京区域的薪资支出，以下是详细的数据报表。"

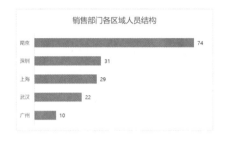

销售部门各区域人员结构

"在武汉的行政人员远超过其他区域，比深圳、广州、北京和上海的总和还多，建议结合当地所有工作人员数量，调整武汉的行政人员数量，以减少武汉区域的薪资支出，以下是详细的数据报表。"

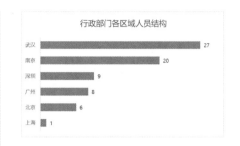

行政部门各区域人员结构

以上的分析仍然采用了汇报的思路。

而这些决策制定的流程，也是先对比，找到最大值，分析现状，然后进行取长补短。

7.2.4 各行政级别薪资分析

在薪资分析中，通常采用的就是"三点法"了。

各行政级别薪资分析

这张数据透视图的来源是右图所示的数据透视表，但是该数据透视表不会出现在报告中。

| 区域 | (全部) | |
| 部门 | (全部) | |

	值		
行政级别	最小值	平均值	最大值
高级经理	3.0万	10.5万	24.0万
经理	4.9万	9.7万	24.0万
主管	2.3万	5.4万	17.0万
员工	1.4万	4.4万	16.8万
区域经理	4.4万	7.5万	18.0万
总计	1.4万	5.4万	24.0万

上图显示的就是各行政级别薪资的最小值、平均值和最大值，详细的数据分析如下。

"根据数据显示，除了销售部门仅有的区域经理外，经理的最小值明显高于高级经理的最小值，需检讨经理人员工资的设置合理性，建议提高高级经理的最小值，以免高级经理人员的流失。高级经理与经理的最大值接近，建议降低经理的最大值，以减少薪酬支出，以下是详细数据。"

这样的汇报仍然使用了汇报的思路。

根据数据显示，除了销售部门仅有的区域经理外，经理的最小值明显高于高级经理的最小值，需检讨经理级工资的设置合理性。 → 数据分析

建议提高高级经理的最小值。 → 决策选择

以免高级人员的流失。 → 相关利益

高级经理与经理的最大值接近。 → 数据分析

建议降低经理的最大值。 → 决策选择

以减少薪酬支出。 → 相关利益

以下是详细数据。 → 基础数据

而决策的制定也是根据对比找到差异，并分析现状，做出决策。

7.2.5 各部门薪资分析

在对各部门的薪资做分析时，可以使用以下数据透视图。

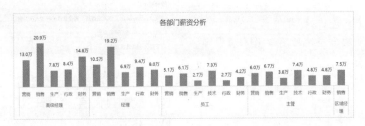

这张数据透视图的来源是下图所示的数据透视表，但是该数据透视表不会出现在报告中。

它是将"行政级别"和"部门"作为列，统计薪酬的平均值的数据透视表，在实际分析时需要拆分为多个图表进行汇报。详细汇报如下。

"根据数据显示，生产部门的高级经理的薪资平均值低于行政部门，不符合市场规律，建议增加生产部门高级经理的薪酬，以防人才流失，详细数据如下。"

薪资平均值		
行政级别	部门	汇总
高级经理	营销	13.0万
	销售	20.9万
	生产	7.8万
	行政	8.4万
	财务	14.6万
高级经理 汇总		10.5万
经理	营销	10.5万
	销售	19.2万
	生产	6.9万
	行政	9.4万
	财务	8.0万
经理 汇总		9.7万
员工	营销	5.1万
	销售	6.1万
	生产	2.7万
	技术	7.3万
	行政	2.7万
	财务	4.2万
员工 汇总		4.4万
主管	营销	6.0万
	销售	6.7万
	生产	3.8万
	技术	7.4万
	行政	4.8万
	财务	4.8万
主管 汇总		5.4万
区域经理	销售	7.5万
区域经理 汇总		7.5万
总计		5.4万

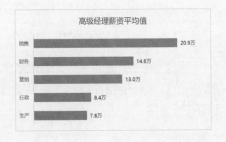

"而技术部门的员工收入要高于销售部门，这样不符合市场规律，建议调整这两个部门的薪资水平，以防人才流失，详细数据如下。"

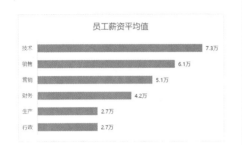

这样的汇报符合汇报的思路。

而决策的制定，是对数据对比过程中发现的异常做出取长补短的措施。

市场规律是什么？当前各领域各级别的薪酬信息从哪里获得呢？对于人力资源管理来说，这个问题非常重要。其实通过 0~3 年的新员工薪酬就可以反映当前市场的薪酬情况。因为在招聘中，新员工会与你协商薪酬，而协商的结果就是市场的薪酬规律。

7.2.6 工龄薪资分析

对员工的工龄薪资做分析时，可以使用以下数据透视图。

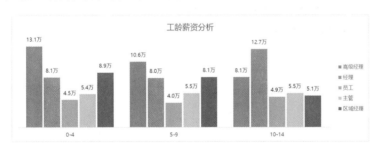

上面这张数据透视图的来源是下图所示的数据透视表，但是该数据透视表不会出现在报告中。

薪资平均	行政级别					
工龄	高级经理	经理	员工	主管	区域经理	总计
0-4	13.1万	8.1万	4.5万	5.4万	8.9万	5.4万
5-9	10.6万	8.0万	4.0万	5.5万	8.1万	5.0万
10-14	8.1万	12.7万	4.9万	5.5万	5.1万	5.9万
总计	10.5万	9.7万	4.4万	5.4万	7.5万	5.4万

它是将"工龄"作为列，并按步长为"5"进行分组，将"行政级别"作为行，计算薪资平均值的数据透视表。在实际汇报时需要将它拆分为多个图表进行汇报。详细汇报如下。

"根据数据显示，高级经理的各工龄薪酬出现逆序现象，0~4 年工龄的平均薪酬最高，5~9 年工龄的平均薪酬其次，而 10~14 年工龄的平均薪酬最低，建议调整各高级经理的工龄工资，以免出现大量的人员流失，以下是详细数据。"

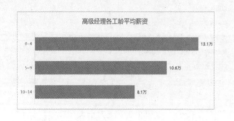

"而在 10~14 年工龄的员工中，经

理的薪酬远高于高级经理的薪酬，这样明显是不合理的，建议调整这两个级别的 10~14 年工龄的薪资水平，以防高级经理的流失，以下是详细数据。"

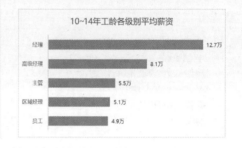

这样的汇报流程如下图所示。

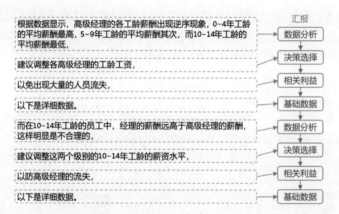

以上所有的决策仍然是通过数据对比寻找差异，分析现状，然后制定取长补短的决策。

7.2.7 员工绩效与能力分析

对于人力资源管理工作来说，年底员工的绩效与能力对比是工作的重点，可以使用右图来进行汇报。

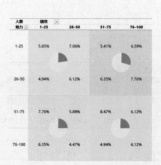

上页图是将"能力"作为列，并根据步长"25"分组；将"绩效"作为行，并根据步长"25"分组，然后插入 4 个饼图。

实际的分析汇报过程如下。

"在公司中，能力差、绩效差的员工占据不到四分之一。能力差、绩效也差属于正常现象。建议直属主管关注其工作能力，并给予这些员工培训或调岗的机会，以防他们成为公司的懒虫。

"能力差，绩效好，这说明这些员工工作很努力。建议给予适当的引导和培训，提升他们的能力，这样可以获得更好的绩效。

"能力强，绩效差，这说明这些员工不适合当前岗位，结合工龄，考虑其是否产生职业倦怠。建议无须参加培训，考虑给他们换岗，以防他们成为公司的懒虫。

"能力强，绩效好，这些员工非常容易离职。建议给予更高的工资，加强员工福利，关注心理层面的安抚，以防他们跳槽，给公司造成损失。

"以下是详细数据以及这些人员的名单。"

这样的汇报符合汇报的流程。

这些决策的分析仍然是通过对比找到差异，然后根据现状做出取长补短的决策。

最后的详细人员名单，可通过双击数据透视表的任意单元格获得，然后将它们打印出来即可。

7.2.8 用排序做工资条

以上提供了《人力资源管理报告》的核心部分"具体分析"的详细内容，接下来提供一个制作工资条的小技巧。

工资条是每个月都需要制作的，通过"排序"功能就可以快速制作员工的工资条。

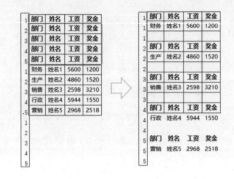

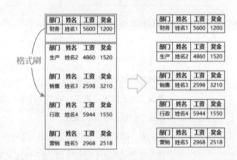

上图中，共有 5 名人员，所以在列名处插入 4 行，并使用自动填充复制行名，然后在列名、人员和空行前使用自动填充输入"12345"。然后单击新建的数字列，对数据使用升序。

去除所有边框，并为第 1、2 行设置边框，然后选中第 1、2、3 行，使用格式刷，将边框复制给其他单元格即可。

第 **8** 章

这些细节让你更专业

确保数据的完整准确是制作表格的基本要求，当能够达到这一要求后，你可以使用以下 4 个方法来提升你的专业度，它们分别是添加备注、突出重点、构造易读视图和保护数据。

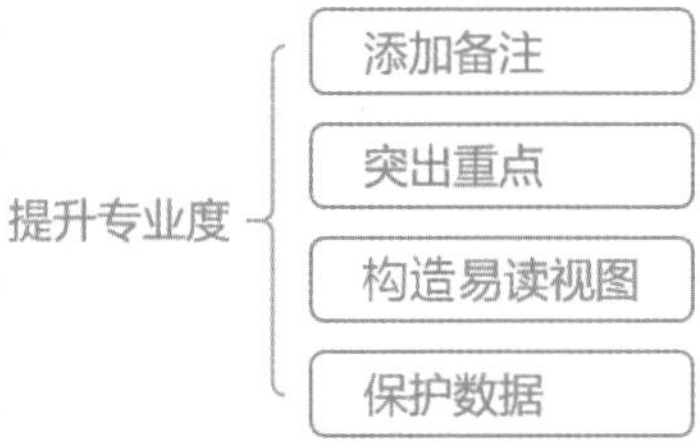

提升专业度
- 添加备注
- 突出重点
- 构造易读视图
- 保护数据

8.1 在不影响数据显示的情况下添加备注

在表格中，经常需要在不影响单元格数据显示的情况下对数据添加备注。备注可以分为两种：批注和脚注。批注是针对某个单元格数据的补充说明，通常在数据表中使用。而脚注是对某个数据的来源进行补充说明，通常在报表中使用。

8.1.1 使用"批注"，为数据填写补充说明

在本案例中，需要给"数据表"工作表中的李登峰和沈君添加备注，写上"培训师"3个字，但是又不希望这3个字影响原有表格的布局，这时就可以使用"批注"。首先单击鼠标右键选中"李登峰"所在的 B5 单元格，并单击"插入批注"。

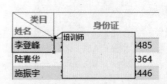

批注会默认添加用户名，它可以用来记录在当前文件被多个人修改时，不同人的具体操作。

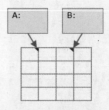

此时李登峰所在的单元格的右上角会出现一个红色的三角形，并在右侧出现一个浮于文字上方的黄色方框，这就是批注的输入框。

在本案例中不需要用户名，可以直接将其删除，并在批注处输入"培训师"。单击批注外任意位置，保存当前批注。保存后批注内容会被隐藏，从而不影响表格数据的显示。右上角的红色三角形代表"李登峰"有批注，鼠标指针滑过"李登峰"的单元格即可查看批注。如需修改和删除批注，可以在有批注的单元格上单击鼠标右键，选择"编辑批注"或"删除批注"。

对于值为"沈君"的单元格也需要添加"培训师"的批注，使用相同的操作即可。

批注的特点就是隐藏，从而不影响表格数据的显示。但如果想同时看当前文档中的两个批注，可单击【审阅】选项卡中的"显示所有批注"按钮，这样就可以快速将隐藏的所有批注都显示出来，如果需要取消显示，则再单击该按钮即可。

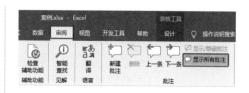

8.1.2 使用"脚注"，标记数据的来源

在报表中，补充说明较少，备注通常是对数据来源的标注，比如企业的财报数据来源于哪张表，来源于哪份网络数据。尽可能地标记出数据的出处，可以避免以后检查时不知道数据的来源而无法确认其准确性。无法确认准确性会影响 Excel 数据的可信度，也会影响你的工作成果。

为什么不是用"批注"而是用"脚注"来标记数据的来源呢？报表通常会被打印出来，如果采用批注，则在打印时无法显示，所以通常会采用"脚注"的方式来进行标记。

比如在本案例的报表中，需要给"预算"添加脚注，说明"预算"来源于财务部提供的各年度预算报表。

往年经费使用				
	单位	2017年	2018年	2019年
预算[1]	元	120,000	147,000	189,000
上课次数	次	30	35	42
平均讲师费用	元	4,000	4,200	4,500
费用	元	120,000	140,000	180,000
增长率	%	/	17%	29%
上课次数	次	30	35	40
平均讲师费用	元	4,000	4,000	4,500
结余	元	0	7,000	9,000

(1)预算来源于财务部提供的各年度预算报表。

"脚注"并不是 Excel 自带的功能，它的外形很像 Word 中的"脚注"，因此得名。它不像批注那样需要鼠标指针滑过才能看到，会直接显示在报表的下方。

双击 B4 单元格进入编辑状态，在"预算"后输入"(1)"，并选中"(1)"，按"Ctrl+1"快捷键进入"设置单元格格式"对话框，选中"上标"单选按钮并单击"确定"按钮。

设置完脚注的标记后，在表格后空一行，并在 B13 单元格输入"(1) 预算来源于财务部提供的各年度预算报表。"空一行的目的是为了让脚注与报表有一定距离，这样可以提高脚注内容的易读性。

在报表中可以使用批注吗？通常在行数不多的报表中使用脚注，因为这样可以让解读报表的人直接了解备注的内容。

在数据表中可以使用脚注吗？如果数据表的行数不多，那么脚注也是可以让备注直接显示的方式。

8.2 让上司便于浏览所有数据的视图

上文都是对数据的表格、单元格等细节进行格式设置，而对于整个表格数据的浏览来说，还需要对整个工作表视图进行设置，方便上司对所有数据进行浏览。

8.2.1 放弃"冻结首行"，使用"冻结窗格"

当表格数据的行数较多时，Excel 会出现纵向滚动条，解读数据的人需要通过拖动滚动条才能查看所有的数据，而在向下的过程中，列标题将会被隐藏，这样会导致数据解读时的困难，比如看到"2018"，而无法看到列名"入职年份"时，会陷入思考："2018 是什么？离职日期？入职日期？晋升日期？"

在本案例中，由于数据套用了 Excel 的表格格式，所以当往下拖动滚动条时，列标题会出现在列名"A、B、C、D"的相应位置。这样看似很智能，但在实际使用中仍然会出现两个问题：显示样式不同和显示的位置不同。在表格中的列标题会根据数据的对齐方式而改变，所以会有左对齐、居中和右对齐 3 种情况，而且颜色为灰色且加粗。但是当这些文字放入列名中时，文字全部居中，并且全部被改为黑色不加粗。这样会导致同样的内容有两种显示方式，分散解读数据的人的注意力。而且原本显示在第 4 行的列标题变到了列名处，位置发生的改变也会分散解读数据的人的注意力。

如何能够让列标题保持显示的样式，并且保持位置不变呢？答案就是使用"冻结首行"功能。"冻结首行"功能就是把某些行的位置固定，不会因为拖动条的拖动而改变位置。

职场人士非常喜欢使用"冻结首行"功能，但是由于表格数据的列标题在第 4 行，"冻结首行"没有任何用处，接下来将会介绍一种方法，完全可以取代"冻结首行"或"冻结首列"，让你可以自由地确定你要"冻结"哪里。

比如本案例中需要冻结 1~4 行，不需要冻结列，那么可以想象为在第 4 行和第 5 行中间有分割线，A 列前方有分割线，而这个分割线交叉点的右下角就是 A5 单元格。单击 A5 单元格，单击【视图】选项卡中的"冻结窗格"按钮中的"冻结窗格"按钮。

此时 Excel 已经对第 1~4 行进行了"冻结"，而且在第 4~5 行之间有一条贯穿整个工作表的深灰色实线，这条线仅用于显示冻结窗格的位置，不会被打印出来。在当前工作表中，不管如何拖动滚动条，第 1~4 行都会在固定位置显示。

对于列数比较多的数据来说，还会出现横向滚动条，一旦将横向滚动条向右拖动时，就很难辨别数据。比如本案例是以姓名作为区分每行数据的重要关键字，如果向右拖动横向滚动条，则会

导致解读数据的人陷入"这么多数据，谁是谁啊？"的混乱中。

这时就需要将姓名列也进行"冻结"，使用之前的方法，想象在第 4~5 行之间画一条分割线，在 B 和 C 列之间画一条分割线，交叉点的右下角是 C5 单元格。单击 C5 单元格，使用同样方法设置"冻结窗格"。

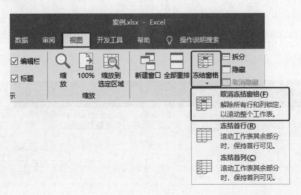

此时不管如何拖动纵向滚动条和横向滚动条，第 1~4 行和 A~B 列都不会发生样式和位置的改变。

如果需要取消"冻结窗格"，只需单击【视图】选项卡的"冻结窗格"按钮，单击"取消冻结窗格"即可。

8.2.2　隐藏眼花缭乱的网格线

Excel 会给工作表的每个单元格都加上浅灰色的边框，用于对每个单元格进行区分。而当整个表格的设置都已经完成时，这些原有的单元格边框就显得毫无作用，反而会影响表格"内无框，四周框"的边框设计。

如何能够去除这些让人眼花缭乱的单元格边框呢？单击【视图】选项卡，取消勾选"网格线"复选框即可。

8.3　保护数据，保护自己的工作成果

在工作中要提升自己的专业度，除了给数据添加备注和制作易读的视图外，还有一个要做的就是保障数据的安全了。

8.3.1　使用"锁定"功能，确保数据不被误操作

在职场中经常会遇到误操作的情况，一不小心就会把某个重要数据修改了，而且由于 Excel 中的数据较多，就算修改后也难以察觉，导致数据的正确性受到极大的影响。

扫码看视频

我的一个学员曾经在一张产品表中不小心将库存的"200"改成了"1"，而且还是在不知情的情况下发生的，最后导致产品经理误以为库存不足而向生产车间增加订单，在一番周折之后才发现只是数据被误改了。我的这位学员最后由于这一个小小的误操作，被扣了整个月的奖金。

这样的情况在职场中比较常见，如何解决呢？可以将不会被修改的基础数据进行"锁定"，这样就不会出现误操作了。

01 单击本案例的表格中的任意单元格，按"Ctrl+A"快捷键全选表格数据，按"Ctrl+1"快捷键打开"设置单元格格式"对话框，单击【保护】选项卡，发现默认情况下所有的单元格都是"锁定"的，无须修改，单击"取消"按钮退出。

02 虽然单元格都是"锁定"状态，但是因为没有启用"保护工作表"功能，所以单元格的"锁定"未生效。如何能够启用"保护工作表"功能，从而让单元格的"锁定"生效呢？单击【审阅】选项卡，单击"保护工作表"按钮。

03 在弹出的对话框中，无须填写密码，直接单击"确定"按钮。因为当前保护工作表的目标是防止自己误操作而已，无须设置密码。

当设置完毕后发现，当前工作表中所有的单元格都不能修改了，也就意味着，无法对单元格进行误操作了，而当真正有意识地要修改数据时，只需单击【审阅】选项卡中的"撤销工作表保护"按钮即可。

8.3.2 采集信息时，只能填写指定列

Excel 在职场中也常被用于信息的采集，比如采集员工的出生年月、手机号码等信息。

而在采集过程中，员工们可能会不小心修改了其他数据，这样会导致整个数据表的信息不可信，如何能够规避这样的情况呢？可以使用"锁定"功能，将不需要修改的数据"锁定"，而允许员工修改和填写的数据设置为"不锁定"即可。

比如本书的"员工信息采集表.xlsx"素材文件，它是由人力资源管理部门制作的，人力资源管理部门将这个表发给对应的部门，整个部门填写完信息后，交还给人力资源管理部门，人力资源管理部门再将各部门的信息汇总。

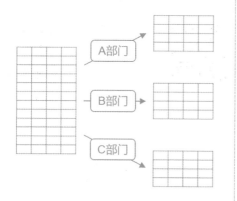

在整个数据采集的过程中，只需要采集"联系方式"和"婚姻状态"两列的信息，其他数据无须修改。

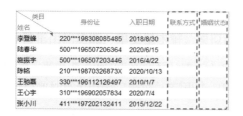

01 使用上一小节的操作，已将所有单元格改为"锁定"状态，只需将这两列数据取消"锁定"即可。选中 E3:F9

单元格区域，按"Ctrl+1"快捷键打开"设置单元格格式"对话框。在【保护】选项卡中，取消勾选"锁定"复选框，并单击"确定"按钮。

02 为了让"锁定"生效，单击【审阅】选项卡中的"保护工作表"按钮。

03 在弹出的对话框中，输入密码，密码越复杂越好，而且无须记录。因为本工作表不需要"取消保护工作表"，它只是用于采集数据，在"保护工作表"的状态下，仍然可以复制数据。因为密码要输入两次才能确定，所以通常会新

建一个文本文档，随意输入一个较长的密码，然后将这段密码复制粘贴到输入框中。

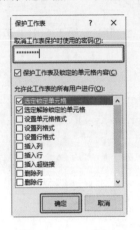

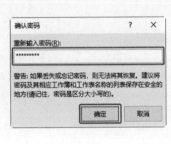

此时，员工只能在指定的"联系方式"列和"婚姻状态"列中修改数据，其他单元格将无法被修改。

8.3.3 在 Excel 文件中增加自己的版权信息

自己好不容易做出的 Excel 文件，却没有自己的名字，这样是不是有点遗憾？如何能够在 Excel 文件中增加自己的版权信息，体现自己的工作成果呢？常见的方式有两种：添加作者和隐藏信息。

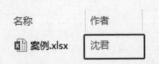

当在文件夹中以"详细信息"的方式查看文件时，可以看到 Excel 文件的作者信息。

名称	作者
📊 案例.xlsx	沈君

在鼠标指针滑过 Excel 文件时，出现的提示信息中也会出现文件的作者。

如何给文件添加作者信息呢？单击鼠标右键 Excel 文件，在弹出的快捷菜单中单击"属性"，在详细信息选项卡中，在"作者"处输入"沈君"，并单击"确定"按钮即可。

为文件添加作者信息的方法安全系数很低，因为任何人都可以修改该数据，而使用隐藏信息的方法，则可以让作者信息只由自己修改。

"隐藏信息"就是在非表格的数据区域书写自己的名称，比如在文件的 Z10000 行输入自己的作者信息，当其他人拿着你的文件说是他做的时，你可

以很镇静地和他说："Z10000 行有作者信息。"因为没有人会注意到那么下面还有数据，这个数据就像是"隐藏信息"一样。

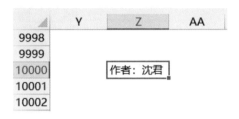

如何能够快速定位到 Z10000 单元格呢？如果采用拖动滚动条的方式，那将需要花费很长的时间，但是使用名称框，就可以快速到达指定的单元格了。

在名称框中直接输入需要快速到达的单元格 "Z10000" 即可。

名称框

此时在名称框中输入 "A1" 即可快速回到表格顶部。

8.4 利用"宏"简化烦琐的操作

在使用 Excel 的过程中，当你需要频繁地进行一些重复操作时，这时可以考虑将这些操作"录制"下来，下次再需要重复操作时，只要按相应的快捷键，Excel 就会自动执行。这个功能就是 Excel 中的"宏"。

8.4.1 把新增的数据放在首行

数据表中经常需要新增一行数据，而许多有经验的职场人士都选择在第一行插入数据，而不是在最后一行插入数据。因为将最新数据放到最前面较为合理。

然而将新增数据放在第一行时，每次都需要找插入位置，然后单击"插入"以实现操作，这样烦琐的操作完全可以由 Excel 的"宏"来完成。如下图所示，在 A1 单元格放置一个按钮，当单击该按钮时，可以自动在 A1 单元格下方新增一行。

	A	B	C	D	E
1	姓名 +	级别	基本工资	奖金	税前收入
2					-
3	李登峰	科员	3,700	550	4250
4	陆春华	正处级	6,000	1,390	7390
5	施振宇	副科级	4,400	770	5170
6	王驰磊	副处级	5,500	1,000	6500
7	张建华	科员	3,600	700	4300
8	张小川	正处级	5,900	1,790	7690

首先分析一下这个按钮做了什么事情。它所做的事情就是单击鼠标右键选第 2 行，然后单击"插入"。

下来就是将这个操作赋予这个按钮了，整个"宏赋予按钮"可以分为 4 个步骤：插入按钮、录制宏、停止录制和调整按钮。

分析完该按钮的实际操作后，接

1. 插入按钮

01 由于在默认情况下，Excel 不显示可以插入按钮的【开发工具】选项卡，因此首先需要显示【开发工具】选项卡。单击【文件】选项卡中的"选项"按钮，在弹出的对话框中单击"自定义功能区"，勾选"开发工具"复选框，然后单击"确定"按钮。（如选项卡中已有【开发工具】选项卡，可跳过此步骤。）

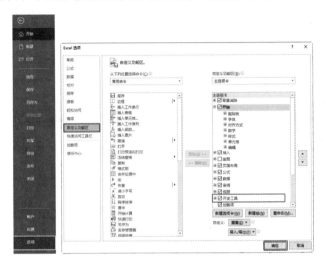

02 单击【开发工具】选项卡，单击"插入"按钮，并单击第 1 个按钮。

03 在 A1 单元格"姓名"旁绘制一个矩形。

姓名	级别	基本工资	奖金	税前收入
李登峰	科员	3,700	550	4,250
陆春华	正处级	6,000	1,390	7,390
施振宇	副科级	4,400	770	5,170
王驰磊	副处级	5,500	1,000	6,500
张建华	科员	3,600	700	4,300
张小川	正处级	5,900	1,790	7,690
赵英	科员	3,800	660	4,460

此时已完成插入按钮的工作，接下来就要开始第 2 步了。

2. 录制宏

01 在该矩形上单击鼠标右键，单击"指定宏"，在弹出的对话框中，在"宏名"输入框中输入"插入行"，并单击右侧的"录制"按钮。

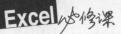
02 在弹出的对话框中，在"宏名"输入框中输入"插入行"，并单击"确定"按钮。

03 此时 Excel 已进入"录制宏"的状态，也就是现在进行的操作将会成为按钮的功能。鼠标右键单击第 2 行，单击"插入"选项。

当完成了操作之后，需要进入设置的第 3 步。

3. 停止录制

操作完成，需要告诉 Excel 赋予按钮的功能操作已经结束了，此时单击【开发工具】选项卡，单击"停止录制"按钮。

如此完成按钮的功能设置，接下来进入最后一步。

4. 调整按钮

01 插入按钮后，默认名字为"按钮"，需要给按钮重命名，鼠标右键单击按钮并单击"编辑文字"。

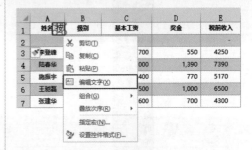

02 在按钮中多次按"Delete"键，以删除原有按钮名，然后输入"+"，输入完毕后，单击 A1 单元格外的任意单元格即可。

如需要调整按钮的位置，按住鼠标右键拖曳按钮，并单击"移动到此位置"即可。

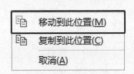

如需要修改按钮的大小，先鼠标右键单击按钮，再左键单击按钮，即可通过拖曳按钮的 4 个顶点来调整按钮大小。

此时已完成了按钮的设置，单击按钮即可完成在 A1 单元格下方新增行的操作。

8.4.2 保存带有"宏"的 Excel 文件

"宏"可以被理解为是 Excel 中的一系列的操作。例如上一节中在 A1 单元格下方插入一行的宏"新增行",它保存的就是"选中第 2 行、单击插入"的操作。

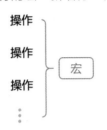

例进行保存,若未选择"Excel 启用宏的工作簿"在保存时就会提示,是否需要保存宏,如果单击"是"按钮,则宏会被删除,如果单击"否"按钮,则会提示重新保存。此处单击"否"按钮。

普通 Excel 文件的后缀名是".xlsx",而当 Excel 文件中包含了"宏",就需要保存为"Excel 启用宏的工作簿",后缀名为".xlsm",比如将上节的案

在弹出的对话框中,在"保存类型"下拉列表中选择"Excel 启用宏的工作簿(*.xlsm)",并单击"确定"按钮。

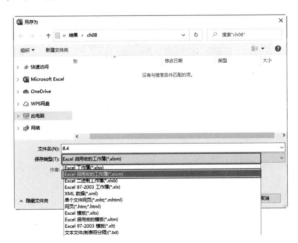

这也就意味着,在职场中看到一个".xlsm"的文件不用觉得惊讶,它只是一个带有"宏"的 Excel 文件而已。

.xlsx　普通Excel文件

.xlsm　带有宏的Excel文件

8.4.3 一键搞定，将"123 000"变成"12.3 万"

"宏"可以保存一系列的操作，"宏"除了可以赋予按钮外，还可以赋予快捷键。

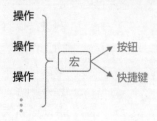

比如，在职场中经常需要将 10 000 以上的数据变成以"万"为单位的格式，比如将"123 000"变成"12.3 万"，这样可以减少数据位数，易于数据的解读。而且这些数据还需要通过右对齐来快速进行大小对比。将 10 000 以上的数据变成以"万"为单位的格式，需要 7 个步骤。首先单击【开始】选项卡，然后单击"数字格式"的下拉箭头，单击"其他数字格式"，单击"自定义"，并在"类型"中输入"0!.0,"万""，然后单击"确定"按钮，最后单击"右对齐"按钮。

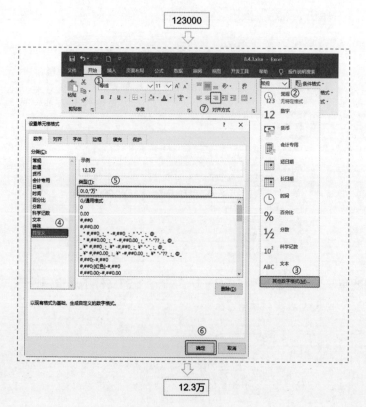

这个操作过程完全可以录制下来变成宏，并指定快捷键"Ctrl+Shift+W"。也就是说选中一个单元格，只要按"Ctrl+Shift+W"快捷键，即可变成数字格式为"万"，且右对齐。

为什么是这个快捷键呢？因为这个快捷键容易记忆，"万"的拼音是"wan"，

所以使用"Ctrl+W"这个快捷键会很容易记忆，但是"Ctrl+W"快捷键是代表关闭当前窗口的意思，所以只能使用"Ctrl+Shift+W"取而代之了。

将数字格式调整为以"万"为单位的宏并赋予快捷键的整个过程由3个步骤组成：设定快捷键、录制宏和停止录制。

第1步，设定快捷键。单击【开发工具】选项卡，单击"录制宏"按钮。

在弹出的对话框中，在"宏名"输入框中输入"数字格式万"，将光标停留在"快捷键"的输入框中，并按W键，然后单击"确定"按钮。

第2步"录制宏"和第3步"停止录制"的操作可参见8.4.1小节的内容。

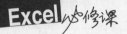
完成了快捷键的设置，可以单击 A2 单元格进行测试，发现修改数字格式和右对齐操作起来非常简便，只需按快捷键即可。

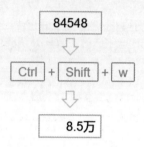

也可以选中 A2:A53 区域进行设置。

"宏"提供了一种将多个操作保存下来，并赋予快捷键的方式，但是并不建议使用太多的快捷键，因为快捷键越多，需要记忆的内容就越多，而且很容易搞混。建议只有使用频率高，而且步骤复杂的操作才设置宏。

第**9**章

把枯燥的数据可视化地打印与传播

　　当需要讨论 Excel 中的数据时，会将表格进行打印，而打印出的文档将会是呈现你工作成果的一种可视化的方式。如果你呈现出来的表格是一目了然的，那么你的工作价值将会被认可，这也是你升职加薪的关键所在。

9.1 数据表打印前的 3 个必备操作

在打印数据表前，需要对 Excel 表格进行以下 3 个必备操作。

页眉版权是在 Excel 的页眉处添加自己或公司的名称；页脚页码是在 Excel 页脚处添加文档的页码，让浏览数据的人可以了解当前已经读到第几页了；每页标题可以让表格在翻页时都能够有清晰的列标题。

9.1.1 在页眉打印部门和版权信息

纸张的顶部被称为页眉，它就像一个人的眉毛一样处于页面的"上方"，纸张的底部被称为"页脚"，它就像一个人的脚一样处于页面的"下方"。页眉和页脚的特点是在文档的每一页都会显示。

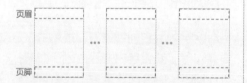

页眉处于每个页面最上方的区域，是读者在对数据进行解读时最先看到的部分。在职场中，如果是部门内部讨论的文档，则会在页眉处添加制作者名称。

如果是用于不同部门之间的讨论，则会在页眉处输入部门名称和制作者名称。

如果是跨公司地进行数据讨论，通常会在页眉处添加公司名称、部门名称和制作者名称，这样就可以清晰地让浏览数据的人知道这些数据的来源。

比如在本案例中，需要将作者名添加至页眉中，但是 Excel 与 Word 文档的不同在于，Word 本身就是以页面作为内容的承载方式，Word 中看到的页面视图就是实际的打印结果，页眉可以直接被看到，这样可以直接对 Word 文档进行页眉的编辑。而 Excel 是以表格作为内容的承载方式，Excel 中看到的页面与打印结果完全不同。如何能够让 Excel 也能像 Word 一样可视化地添加和修改页眉呢？

在 Excel 的右下角，单击"页面布局"按钮。

此时的 Excel 的界面看上去与 Word 类同，以页面为承载方式，可以一目了然地看到"页眉"，此时在页眉的右侧输入"沈君"即可。页眉中的文字可以自由地进行字体、字号、颜色等修改。设置完毕后，打印出的每一页的右上角都有"沈君"这一内容。

9.1.2 在页脚处加上当前页码与总页码

职场中的大部分 Excel 表格的内容都会超过 1 页，当未给这些表格添加页码就将表格打印出来时，会给浏览数据的人带来困扰，如当前是第几页？总共有多少页？

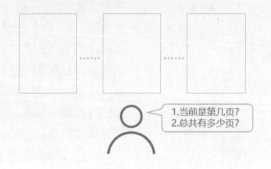

1.当前是第几页?
2.总共有多少页?

1. 当前是第几页

如果一份表格数据较多，浏览者需要知道自己已经浏览到第几页了，并且还需要对每页进行定位和标记。比如，浏览者可以明确知道"我已经看到第 3 页了"，或者可以告诉其他人"第 5 页的数据有问题"。

2. 总共有多少页

只有知道总页数，浏览者才能知道自己的进度。而且在职场中经常会发生纸张遗漏的情况，原本打印 10 页的文件，最后给到客户手中只有 9 页，而自己也没有发现。

为了规避以上的两个问题，需要给文档添加页码，并标注总页码。如何操作呢？

01 在 Excel 的"页面布局"视图中，将光标停留在页脚的中间，单击【设计】选项卡中的"页码"按钮。

02 此时光标处就增加了"&[页码]"，在它后面手动输入"/"，用于隔开总页码。

03 单击【设计】选项卡中的"页数"按钮，它代表了当前文档的"总页码"。

04　单击页脚外任意位置，完成当前页码和总页码的添加。

完成了页眉和页脚的设置后，单击 Excel 软件右下角的"普通"按钮，回到最常见的状态。

9.1.3　打印出的每页都有列标题

在 Excel 中使用"冻结窗格"功能，可以在向下拖动滚动条时，使列标题一直显示在固定位置。而当打印 Excel 表格时，冻结窗格不会发生作用，这会导致打印出的表格：第 1 页有列标题，而第 2 页没有。当浏览者在查看第 2 页时就会产生疑惑："这几列都是什么？"

扫码看视频

如果给打印出的每页都加上列标题，那么就可以避免读者的疑惑。如果在每页头部单独插入一行列标题，这样做看似完成了要求，但是你需要每页都新增一行，而且一旦表格中某一行被删除或者新增一行，那么所有手动添加的列标题行都要进行调整。

有没有一种方法可以根据表格在打印时，自动使每页都能准确出现列标题呢？

01　单击【页面布局】选项卡中的"打印标题"按钮。

02　在弹出的对话框中，将光标停留到"顶端标题行"输入框中，然后选中数据表中的第4行，并单击"打印预览"按钮查看结果，发现列标题已经出现在每页中了。按"Esc"键退出页面预览状态，单击打印按钮。

如果在实际工作中，列表标题有两行，那么就选中两行。职场中通常不会设置"左端标题列"，因为我们会尽可能地让表格的每行数据"完整显示"，即在一个页面中完整地看到每一行数据，如何做到让表格数据"完整显示"，详见下节。

数据表需要增加页眉版权、页脚页码和每页标题，而报表则因为数据行数少，所以不需要进行这3个必备操作。

9.2　让挑剔的客户和上司也能喜欢的打印设置

完成了数据表打印前的3个必备操作：页眉版权、页脚页码和每页标题后，接下来就是执行打印了。本节将介绍在各种不同情况下的数据表和报表打印方式，让你能够满足客户和上司的个性化需求。

9.2.1　完整显示的表格才能让客户和上司满意

一份数据表中会有很多的行和列，如何打印才能让浏览数据的客户和上司满意呢？

在本案例中，按"Ctrl+P"快捷键，Excel 会自动在页面右侧显示打印预览，由于数据较多，表格被拆分为4页。其中的第1页和第3页是完整的行数据，如下图所示。

如果按照默认的打印方式，一行完整的数据会被打印在两页纸上，也就是说，如果想看"沈君"的业绩目标，需要查看两页纸，而且还需要将两张纸叠放在一起才能确保数据没有看"串行"。

为了让浏览者可以一目了然地查看完整的数据，在职场中通常都会要求不能将表格纵向拆分，也就是说，必须要让表格的每一行在一页中完整显示。

为了让表格的每一行都完整显示，可以采用"横向打印"、"调整页边距"和"缩印"3种方式。

其中，横向打印是最简单的方式，因为横向打印后，页面的宽度增加，可以显示的列也更多了。

在本案例中，单击【页面布局】选项卡中的"纸张方向"按钮，单击"横向"即可设置为横向打印了。

9.2.2 可视化地拖曳调整页边距

虽然设置了横向打印，但是由于本案例中的列数较多，正好有一列被分割到了另外一页。

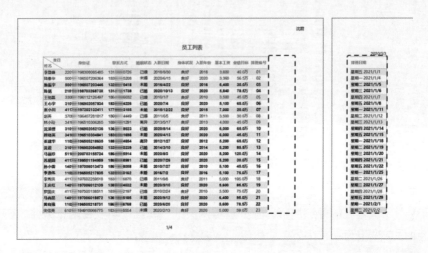

像这种仅有较少列被分割到另一页的情况，可以使用调整页边距的方式来解决，将页边距调小，这样就可以让表格数据有更多的显示位置。

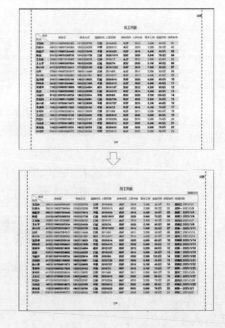

如何能够调整 Excel 打印的页边距呢？传统的做法是单击【页面布局】选项卡

中的"页边距"按钮,单击"自定义页边距",然后手动调整各边距的数值。

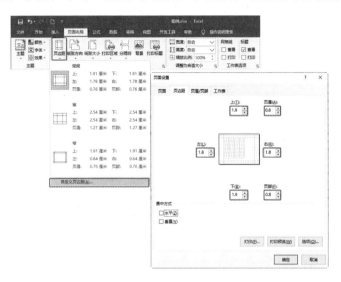

这种方法的确可以精确地调整页边距的数值,但是不能直接看到调整结果,比如将"1.8"调整为"1"之后,你无法知道页边距是否已经够小,表格是否能够每行全部显示了,如何能够可视化地调整页边距呢?

在本案例中,按"Ctrl+P"快捷键进入"打印"界面,在界面的右下角单击"显示边距"按钮。

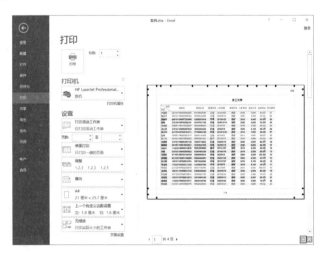

此时打印预览中出现了多条横线和竖线,分别表示上边距、下边距、左边距、右边距、页眉边距和页脚边距。拖曳左边距和右边距的竖线,将左边距和右边距调小,也可以调整上边距和下边距,让一个页面中显示更多的数据行。

员工列表

1/4

通过这种可视化的调整，我们可以自由地定义页边距，而不用手动修改数据、凭空想象页边距的调整结果了。

9.2.3　将所有数据都缩印在一张纸上

如果在横向打印时，通过调整页边距也不能将所有的列数据都完整显示到一页纸上时，可以采用缩印的方式。缩印是调整 Excel 页面在打印时的效果的功能，它会将字体大小、行距、列宽等进行等比例缩放，而不会影响表格的原数据。

缩印一共分为 3 种："将工作表调整为一页"，"将所有列调整为一页"和"将所有行调整为一页"。当页面设置横向打印后还不能显示所有的列时，就可以使用"将所有列调整为一页"。

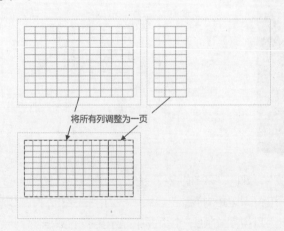

将所有列调整为一页

如何调整呢？按"Ctrl+P"快捷键进入"打印"界面，在"无缩放"下拉列表中选择"将所有列调整为一页"。

让表格的每行能够完整显示的方法有"横向打印"、"调整页距"和"缩印"，而这3种方法的使用顺序不能颠倒，也就是说，当表格的行数据不能被完整显示时，首先将其设置为"横向打印"；如果"横向打印"不能满足要求，才使用"调整页边距"，因为"调整页边距"后会影响页面的美观效果；如果"调整页边距"后仍然不能满足要求，才使用"缩印"，因为"缩印"会缩小字号大小，影响文字的易读性。

9.2.4 在不影响数据显示的情况下打印批注

批注作为 Excel 中常用的备注方式，如何将批注与数据一起打印出来呢？

首先需要显示所有的批注，单击【审阅】选项卡中的"显示所有批注"按钮。

然后单击【页面布局】选项卡中的"页面设置"按钮。

在弹出的对话框中单击【工作表】选项卡，在"注释"的下拉列表中选择"如同工作表中的显示"，并单击"打印预览"按钮。

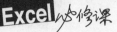

在"打印预览"中发现，批注框会遮住其他列的数据，这样会导致其他列的数据无法正常显示。

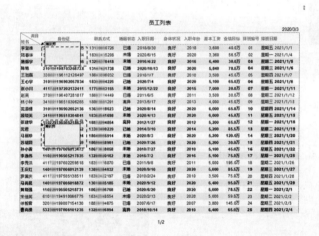

如果希望批注能够不遮住其他列的数据，可以单击"页面设置"对话框中的【工作表】选项卡，在"注释"下拉列表中选择"工作表末尾"，并单击"打印预览"按钮。

将"注释"设置为"工作表末尾"后，Excel 会将所有的批注内容放在新的一页中，用文字的方式描述各个批注的单元格位置和批注内容。

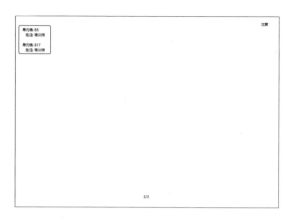

这种方式导致批注不是可视化的，而需要根据打印出的最后一页上的文字内容，手动去寻找注释对应的单元格。所以通常在工作中，如果批注较为重要，而又不想影响其他列的数据的读取的话，可以在文档中新建一列，将原有的数据向后移，这样就可以既满足批注的可视化显示，又满足数据的完整性要求。而这种方式有个缺点，它需要重新设置打印方式，使用"横向打印"、"调整页边距"和"缩印"等方式，以确保每行完整显示。

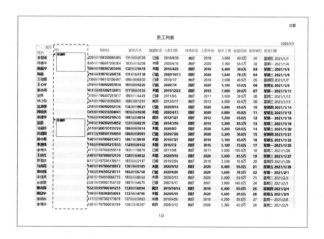

9.2.5 表格水平居中才够专业

在之前的打印设置中，都没有让表格在水平位置居中，这样会导致表格与纸张两边的距离不等，让你的上司和客户认为你工作不认真。

如何能够让打印出来的表格居中呢？单击【页面布局】选项卡中的"页面设置"按钮。

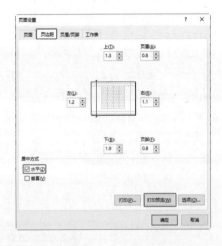

在【页边距】选项卡中，勾选"水平"复选框，并单击"打印预览"按钮。

在"打印预览"中，表格并没有在页面内居中，难道是 Excel 软件出错了？

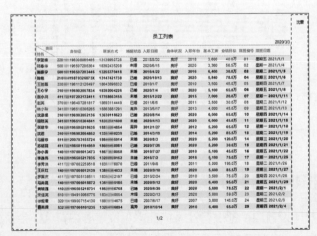

Excel 软件并没有出错，而是因为 A 列作为空白列也被打印出来了。

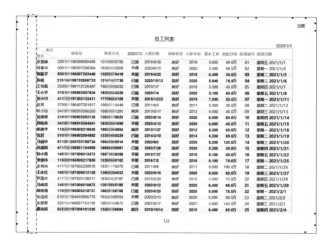

如何能够不打印 A 列，只打印指定的数据呢？先选中 B1:L47 单元格区域，然后按 "Ctrl+P" 快捷键进入 "打印" 界面，将 "打印活动工作表" 修改为 "打印选定区域" 即可。

此时在 "打印预览" 中，表格在水平方向上已经完全居中了。

"打印选定区域" 还可以应用于工作表中数据较多，只需要打印出某一部分来供大家讨论的情况，比如需要打印出基本工资大于 5 000 元的所有人员信息，只需要将数据表按照基本工资降序排列，选中基本工资大于 5 000 元的数据并单击 "打印选定区域" 即可。

在报表中也经常使用 "打印选定区域" 的功能，因为在一张工作表中通常会有多个报表，比如 "2020 年经费使用报表"、"2021 年经费使用报表" 和 "2022 年经费使用报表"，如果只想打印 "2020 年经费使用报表"，只需选中该数据区域，然后单击 "打印选定区域" 即可。

9.2.6 让数据自由地分类打印

在工作中经常会将数据分成多个类别进行讨论，比如本案例中，需要将业绩目标在 80 万元以上的分为一类，大于 50 万元且小于等于 80 万元的分为一类，50 万元（包含 50 万元）以下分为一类，然后分别打印出来。

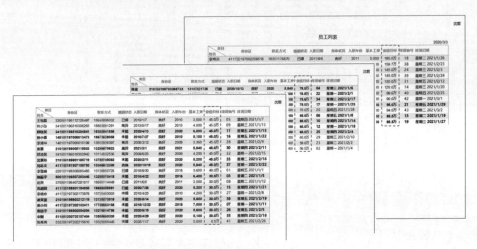

如果采用"打印选定区域"的方法来打印，整个过程需要操作 3 次，有没有什么办法可以直接进行"分页"操作，让部分数据在一页显示，而另外一部分数据在另一页显示呢？

首先单击 I4 单元格"业绩目标"，单击【数据】选项卡中的"降序"按钮。

然后再找到业绩目标为 80 万元的分界线，位于第 17 行和第 18 行之间。单击 A18 单元格，单击【页面布局】选项卡，单击"分隔符"按钮下的"插入分页符"。此时第 17 行和第 18 行之间多了一条灰色的实线，代表页面将从此处分页，而该实线不会被打印。

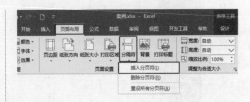

同样在找到业绩目标为 50 万元的分界线，位于第 28 行和第 29 行之间。单击 A29 单元格，插入分页符。

按"Ctrl+P"快捷键进入"打印"界面，由于之前选定了"打印选定区域"，将它修改为"打印活动工作表"，此时就能正常地进行打印了。

如果需要删除某一个分页符，只需要定位到对应的单元格单击"删除分页符"即可，比如单击 A17 单元格，单击【布局】选项卡中的"分隔符"按钮，单击"删除分页符"。如果需要删除全部的分页符，单击"重设所有分页符"即可。

如何去掉打印预览的虚线

一旦使用了打印预览分页符的功能，在 Excel 的界面中就会出现"虚线"，这些虚线代表着打印时分页的位置。

13	马尚昆	140***197006018872	136***05185	未婚	2020/9/12	良好	6,400	95.0万	星期二	2020/1/28
14	吴蒙	330***196112129153	136***83283	已婚	2020/12/22	良好	4,000	94.0万	星期五	2020/2/28
15	沈君	310***196902054852	133***00239	已婚	2020/3/10	良好	5,200	85.5万	星期五	2020/2/11
16	王庆红	140***197006012139	138***84032	未婚	2020/9/10	良好	5,600	85.5万	星期五	2020/1/24
17	沈君	310***196902054852	133***00239	已婚	2020/3/10	良好	5,200	85.5万	星期二	2020/2/11
18	陈铭	210***19870326873X	131***21738	已婚	2020/10/13	良好	5,840	78.5万	星期四	2020/1/23
19	黄晓强	110***196505218731	186***86768	已婚	2020/6/20	良好	5,600	78.5万	星期三	2020/1/29
20	汤娟	320***197807194676	133***16456	离异	2020/11/6	良好	5,100	75.6万	星期一	2020/2/17

在操作完打印的相关设置后，这些虚线仍然存在，它们会影响到数据的正常阅读和理解，如何将它们隐藏呢？

单击【文件】选项卡，单击"选项"按钮后，单击"高级"，拖动滚动条至中间位置，取消勾选"显示分页符"复选框，并单击"确定"按钮。

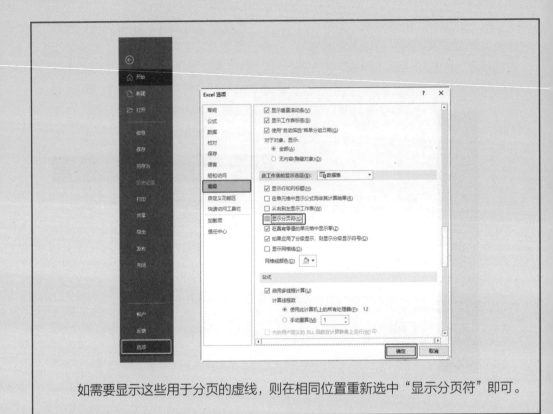

如需要显示这些用于分页的虚线，则在相同位置重新选中"显示分页符"即可。

9.3 Excel 表格在网络中传播

　　Excel 表格除了打印之外，经常需要在网络中进行传播，比如将一份产品报表发给客户查看，然而许多移动端都不能完美支持 Excel 文件的阅读，导致很多样式与源文件不同，而且在网络中传播时，还会出现数据被抄袭的情况，作为自己工作成果的 Excel 文件，如何能够让它安全地在网络中传播呢？

9.3.1 把不能修改的 Excel 表格发给客户

　　当需要将已完成的 Excel 表格发送给客户或者上司时，他们并不需要修改表格，而只是浏览 Excel 中的数据，如果使用"保护工作表"的功能来锁定单元格不被修改的话，的确可以实现我们想要的功能，但是为了让 Excel 表格在移动端也能够与电脑端显示的结果一样，可以将 Excel 表格保存为 PDF 文件。

PDF 文件有两个特点，一是可以完整保存文档中所有元素的格式。二是可以跨平台使用，不管是 Windows 系统，还是移动端的 iOS、Android 系统，都可以直接显示。

不管电脑中是否安装了 Office 软件，甚至没有安装专业的 PDF 软件，也可以通过浏览器来直接查看 PDF 文件，而且 PDF 文件中的文字无法编辑，这样就能完美解决职场中锁定表格的要求，确保表格显示正确。

如何将 Excel 表格保存为 PDF 格式呢？单击【文件】选项卡中的"另存为"，选择好保存位置后，在"保存类型"下拉列表中选择"PDF(*.pdf)"，保存为"案例 .pdf"文件。

9.3.2　全图的表格无法复制文字

PDF 文件虽然可以锁定表格内容，但也存在着被人恶意破解的情况。

在 PDF 文件中可以选中任何数据进行复制，也就是说，如果有人想恶意获取你的数据，是轻而易举就能完成的，而且 PDF 文件也可以另存为 Excel 文件。

比如使用 Adobe Acrobat 软件打开"案例 .pdf"文件，然后单击【文件】中的"另存为"。

在另存为窗口中，选择保存类型为"Excel 工作簿（*.xlsx）"，并单击"保存"按钮。

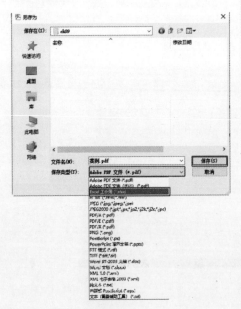

由此可见，仅仅将 Excel 表格保存为 PDF 文件只能确保 Excel 表格可以在网络中以正确的样式进行传播，并不能保证其安全性，那些恶意获取 Excel 数据的人可以轻而易举地对 Excel 数据进行复制。

怎样才能可靠地保护自己的工作成果，让 Excel 表格中的数据不被复制呢？答案就是将 Excel 表格变成图片。

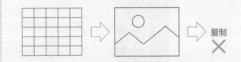

把 Excel 表格变成图片后，已经没有可以选择的数据了，所以也就解决了数据能被复制的问题。在把 Excel 表格变成图片时，为了不影响数据的正常阅

读，需要按照页面生成图片，比如本书"案例.xlsx"文件有两页，那么就要生成两张图片。

但是原本"案例.xlsx"是一个文件，如果变成两张图片后发给客户或上司，那么会给他们带来困扰："一个文件怎么有两张图片？"为了避免这样的情况发生，还需要将这两张图片合并成一个文件。

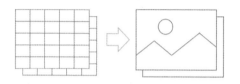

如何能够将整张表格变成全图的文件呢？需要进行3个步骤：Excel转PDF，PDF导出图片，图片合并为PDF。

01 在上一节中已经完成了第一步的操作，"案例.xlsx"文件已经被转换

成PDF文件，接下来就是导出图片了。使用Adobe Acrobat软件打开"案例.pdf"文档，单击【文件】中的"另存为"。

02 在"保存类型"下拉列表中选择"PNG(*.png)"，并单击"保存"按钮。

03 在文件夹中生成了如下两张图片。

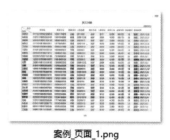

案例_页面_1.png

案例_页面_2.png

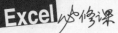
04 接下来就是将这两张图片合并成一个文件了,打开 Adobe Acrobat 软件,单击"文件"→"创建 PDF"→"从多个文件"。

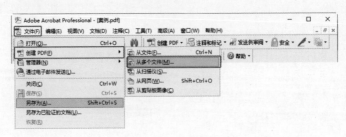

05 单击"浏览"按钮。

06 选择前面生成的两张图片,并单击"添加"按钮。

07 单击"确定"按钮。

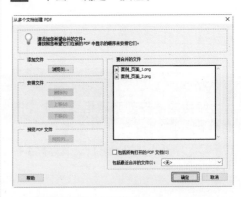

合并文件后,将新的 PDF 文件另存为"案例 - 全图 .pdf"文件。在"案例 - 全图 .pdf"文件中,文件的所有内容都可以被正常阅览,但是文字却无法被选中和复制。

9.3.3 把文件通过微信发给别人是错误的

在职场办公中,越来越多的人习惯于用移动端,只需要一个手机、一台平板电脑,安装微信或者 QQ、钉钉、易信和飞信等软件就可以与同事、客户、合作伙伴等各种人群进行交流。

这些软件可以完美地支持文字和图片的传输,而且可以在用户的移动端中不安装 Office 软件的情况下,打开 Excel 表格。但是当 Excel 表格较为复杂,这些软件的显示就很容易出现错乱。

如果将 Excel 表格保存为 PDF 文件，就可以有效地避免这些问题，但是作为信息传输的媒介，万一对方需要修改怎么办呢？比如你需要将一份产品数据及时发给客户看，客户需要先在移动端大致浏览一下，到了晚上他会打开电脑详细查看和修改。

这时的解决方案就是将 Excel 表格和对应的 PDF 文件都发给客户，这样客户可以先用移动端来浏览 PDF 文件，到了晚上他可以打开电脑修改 Excel 表格。

很多职场人士会将 Excel 表格和 PDF 文件直接通过微信发给客户，这样看似非常合理的举动，却会给客户带来两个问题。

（1）他收到了两个文件，不知道点开哪个。

（2）到了晚上，他还需要自己将移动端中的 Excel 文件发送到电脑中。

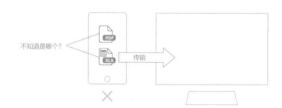

所以直接将 Excel 表格和 PDF 文件都通过移动端发送给客户也是不合理的。而最佳的解决方案包含以下 3 点。

（1）将 PDF 文件通过微信发送。

（2）将 Excel 表格发送到客户邮箱中。

（3）在微信中留言提示："该文件供您在手机中浏览，源文件已发送至您的邮箱。"

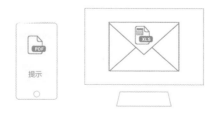

这样就可以有效避免手机中出现两个文件，导致客户产生混乱；也可以让客户打开电脑便能快速下载 Excel 表格源文件，从而节省客户的时间和精力。这样能够体现你的专业度，并且让你得到客户的信任。

9.3.4　用邮件发送文件的注意事项

除了在移动端发送 Excel 表格的 PDF 文件，要把 Excel 表格源文件以邮件形式发送给客户外，直接以邮件的形式发送 Excel 表格也是在职场中常用的传输方式，因为它可以在不打扰对方的情况下将文件发送给对方，并且可以长久保存。

但是如果你要将一份产品信息表发给客户，把该 Excel 表格作为邮件附件发送后，不标注主题和文件相关的提示内容，那么客户很可能会忽略这份"不知名"的邮件；就算没有忽略，也需要麻烦地打开附件才能知道这是一份重要的数据。这个过程会让客户感觉你工作非常不认真。

所以直接将 Excel 表格以邮件形式发送给客户是不合理的。而最佳的解决方案需要做到以下 4 点。

1. 实时发送邮件提示

比如发送微信：文件已发送至邮箱，请查收。

2. 邮件主题明确

在邮件主题中明确地突出 Excel 表格的内容，比如"A 公司 2020 年产品报表"，可以让客户可以在收取邮件时，看到邮件主题就知道这份 Excel 表格的内容。

3. 邮件正文放置相关说明

将主题外的重要信息放置在邮件的正文位置，这样对方就可以在不打开邮件附件的情况下，一目了然地查看到重要信息。比如，"请务必在 5 月 30 日前完成"等。

4. 移动端未发送PDF，则发送邮件时需要发送PDF文件和Excel表格

由于许多职场人士都在移动端安装了邮件收发软件，他会通过移动端来打开文档附件，而此时如果只有 Excel 表格，就会出现排版错乱的情况，所以需要将 Excel 表格和对应的 PDF 文件都发送给对方。为了防止对方对两个文件产生困扰，需要在邮件正文中标注两个文件是相同的。

在以邮件形式发送文档时，使用这 4 个方法可以快速提升你的职场专业度，让你的客户和上级都对你刮目相看。

9.3.5　让客户永远看到最新的文件

如果你需要提供一份产品数据，你就会不断地根据客户的需求进行修改，而且会频繁地将每个修改过的文件都发给他，让他过目并提出意见。

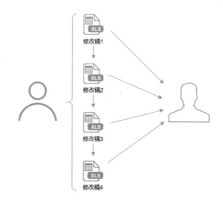

但对于客户来说，他只想得到令自己满意的最新方案，中间的修改过程他并不关心。虽然我们会在每个文件名中加上"完成时间"以标注每个文件的不同版本。但对于客户来说，他需要将这些文件按照名称排序，才能找到最新的文件，万一最新的文件客户没有保存，则会产生误解。

如何能够让客户一直看到最新的文件呢？最佳的解决方案就是使用网盘文件夹。在网盘中新建一个文件夹，将文件夹的链接分享给客户，然后将最新的 Excel 表格放到该文件夹中，并将所有历史修改稿放到"历史版本"文件夹中。

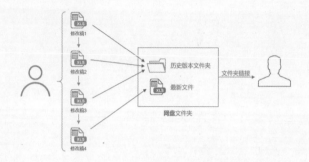

客户只需要打开网盘文件夹，就可以看到最新的 Excel 表格，当你对这个文件夹中的文件进行更新时，客户甚至可以不用下载，直接打开文件夹就可浏览。

而在使用网盘文件夹给客户提供最新文件时，有以下 3 个注意事项。

1. 提醒客户已更新

当最新文件上传时，需要及时告知客户，让客户可以查看最新文件。

2. 只有一个最新文件

为了做到一目了然，在网盘文件夹中，只有一个最新文件。比如，当你将新修改的"修改稿 5"上传时，需要将"修改稿 4"放入"历史版本"文件夹中，不然客户会对这两个文件产生疑惑。

网盘文件夹

3. 仅限单人修改

使用网盘文件夹让客户查看最新文件，应设置仅限于你一个人能够修改网盘文件夹内的文件。如果多人修改，可能出现他人文件覆盖了你的修改稿的情况。

本章介绍了将 Excel 表格数据进行打印与传播的方法，目的就是让你的工作成果被自己的上司和客户肯定，让你的工作价值可视化，帮助你在职场中升职加薪。

第 **10** 章

10个工作好习惯

我们在工作中经常会用到 Excel，可能是将自己的工作明细用 Excel 的表格罗列出来，也可能是记录公司产品的销售数据、部门人员的清单、主营产品的进存销数据。

使用频率这么高的 Excel，在我们的工作中起着非常重要的作用，可有许多学员向我反映，他看到 Excel 就会头疼。

10.1 为什么你看到 Excel 就会头疼

分析一下自己看到 Excel 会头疼的原因，这样就能够帮助我们去更好地使用 Excel，把自己的工作情绪调整到最佳状态，让工作效率得到提升。

我们打开电脑，在许多文件夹中找到今天需要完成的文件，然后打开这个 Excel 文件，找到相关的工作表，观察这些数据之后，再进行 Excel 操作。这个过程也许你已经进行了不下 100 遍，分析这个过程，它由 5 个步骤组成。

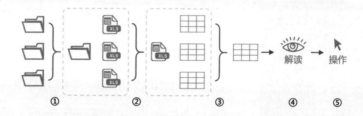

第①步：从一堆文件夹中找到文件所在的文件夹。
第②步：从一堆 Excel 文件中找到需要的 Excel 文件。
第③步：从多张工作表中找到当前需要的工作表。
第④步：对这张工作表中的已有数据进行解读。
第⑤步：对工作表中的数据进行操作。

从这 5 个步骤中我们可以发现，前面 4 个步骤都还没有真正开始对 Excel 进行操作，就已经浪费了我们的大量精力。

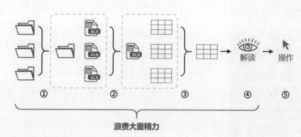

10.1.1 合理地放置 Excel 文件，才能方便查找

观察这个过程中的第 1 步：从一堆文件夹中找到文件所在的文件夹。你可能已经对这样烦琐的文件查找习以为常了，觉得打开文件夹一个个检索并不复杂，甚至认为这是必备的操作。但是细想一下，这是不是就是你看到 Excel 就头疼的其中一

个原因呢?

为了解决这样的问题,首先需要对系统中的文件合理地进行分类。

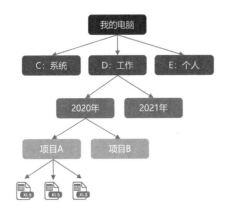

如上图所示,我们将文件夹按照这种文件层级进行放置,就可以快速地找到我们需要的文件。

如果你所处理的项目会跨年度,那么就可以使用以下的文件层级。

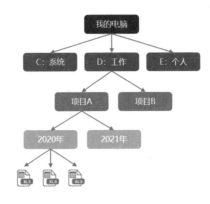

不管是哪种文件层级,都可以帮助我们在工作中迅速找到自己所需要的 Excel 文件,但是不可以同时出现以上两种文件层级,如下图所示。

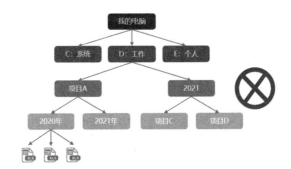

这样会导致文件存放的混乱——你无法一眼就看出来,到底你要找的文件在项目 A 文件夹中还是在 2021 年文件夹中。这样会让文件检索变得非常麻烦,最终会让你在查找 Excel 文件的过程中出现头疼的情况,而你会把这个头疼,怪罪在 Excel 身上。

10.1.2　不要把文件堆在桌面上

"打开自己的电脑桌面,桌面上堆满了密密麻麻的文件,当桌面上已经放不下了该怎么办? 新建一个文件夹,把文件都往里扔,然后再继续填满桌面。"如下页图所示。

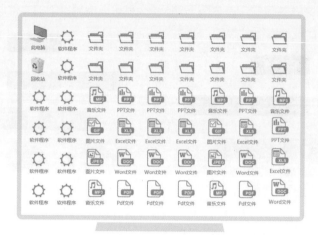

这是许多学员给我反映的情况，他们看到身边同事的桌面都是这样的，所以自己也就这样做了。

如果当你工作了一天，回到家看到满屋狼藉的样子，你会觉得头疼。如果回到家看到干净整齐的样子，你会觉得心情愉悦。

同样的，如果把电脑桌面上的文件进行整理，让桌面"干净整齐"，那么你的头疼将会得到有效的控制。

那么电脑桌面上这些文件放到哪里去呢？首先来分析一下，你的电脑桌面上有哪些东西。

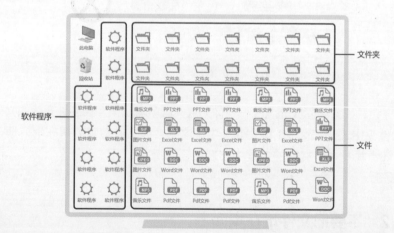

桌面上除了"我的电脑"和"回收站"外，其他的可以分为 3 类：文件夹、文件和软件程序。

文件夹和文件不应该在桌面上,他们很多是上个月"遗留"下来的,没有定时进行清理,却在你每次找文件时给你带来混乱。文件夹和文件应该放在哪里呢? 它们应该存放在上一节描述的文件层级中。

那正在修改使用的文件和文件夹该怎么处理呢? 可以让它们以快捷方式的形式保存在桌面上。在需要放到桌面上的文件或文件夹上单击鼠标右键,在弹出的快捷菜单中单击"发送到",并单击"桌面快捷方式"。

此时在桌面会有一个快捷方式,打开这个快捷方式,将直接打开源文件。不需要在一个又一个的文件夹中去寻找。

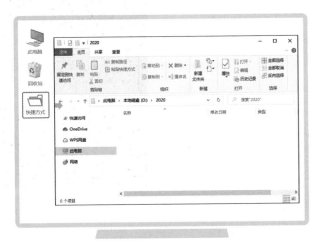

快捷方式的创建很简单,但是要让快捷方式变成提升工作效率的利器,就需要不断维护,维护工作的开展需要遵守以下两点。

(1)只对待办事项创建快捷方式。

(2)待办事项完成后删除快捷方式。

删除快捷方式并不会删除源文件,而且把它从桌面上清除后,意味着待办事项完成了一件。"干净整齐"的桌面不会给你的工作带来困扰,更不会让你头疼。

那桌面上的应用程序放在哪里? 浏览器、Microsoft Office Word、Microsoft Office Excel、Microsoft Office PowerPoint、QQ 和微信等常用软件该怎么办?

首先,桌面上的软件程序也属于快捷方式,它们可以被直接删除,但是删除之

后就没有办法很快地找到它们了。我推荐的方法是将它们放到"开始"菜单中。

这个操作只支持在操作系统为 Windows 8 及以上的版本中进行。单击"开始"菜单，在搜索框中直接输入程序名，比如输入"Word"。

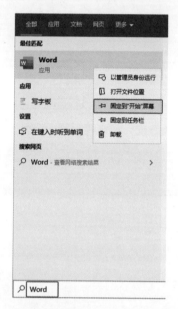

在 Word 程序图标上单击鼠标右键，在弹出的快捷菜单中单击"固定到'开始'屏幕"。此时 Word 程序就保存在"开始"菜单中了。

为了在"开始"菜单中放置更多的软件程序，需要调整软件程序图标的大小。在软件程序图标上单击鼠标右键，在弹出的快捷菜单中单击"调整大小"，

然后单击"小"。

使用这种方法可以将所有的软件程序图标放在"开始"菜单中，并可以通过拖曳来调整顺序，甚至进行分组。

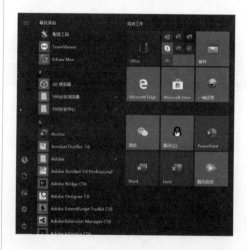

在上图中，我将所有软件分为了 4 组，并定义了不同的名称。这样不但可以让桌面干净整齐，还可以快速地在多个软件程序中找到自己需要的软件程序。

10.1.3 定时"另存为"，让自己的工作不白费

在我们制作 Excel 表格时，通常会习惯用"保存"来覆盖原本的文件。但是 Excel 中的数据非常重要，而且数据量庞大，一旦有所反悔，使用"撤销"不知道会返回到哪个步骤，甚至会让自己一整天的工作都白费。这也是 Excel 让我们觉得

头疼的原因之一。

如何规避这样的问题呢？定时"另存为"。定时"另存为"通常是每小时保存一个版本，这样就能够保证自己的 Excel 文件不被覆盖，随时可以"时光倒流"，回到 1 个小时之前的状态。

1 小时也不是一个绝对值，当数据量庞大，计算越来越复杂时，另存为新文件的频率会调整为 30 分钟一次，有时甚至每完成一步就另存一个修订版的文件。因为作业越复杂就越容易出错，为了防止出错的情况出现，更频繁地使用"另存为"是一个非常好的选择。毕竟使用"另存为"花费的精力要远远小于因为犯错导致重新再做一次花费的精力，这样就可以最大限度地避免自己头疼了。

10.1.4 区分不同版本名称才能快速找到文件

当同一个文件根据时间被保存了不同的版本时，虽然规避了修订重做的问题，但会引发一个新的问题：文件很多，如何命名才能有利于检索。

最好的方式就是按照时间和版本号来命名。在另存为文件时，保存的文件名为"主题 + 日期 + 序号"。

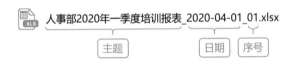

这样命名的好处：将重要的主题信息放在最前面，易于寻找文件；用日期来区分命名版本，可以快速排序时间的先后；在同一天的数据，用序号依次往后排列，方便检索。

为什么是使用序号，而不是使用详细时间呢？如果使用更详细的时间来命名，则如下图。

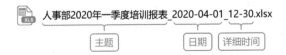

此时这样的文件名非常不易读，因为很容易看成是 12 月 30 日的文件。所以在同一日期内的不同文件，直接用序号依次排序是最直观的命名方法。

"主题"、"日期"和"序号"用下划线"_"隔开，这样可以进行区分。

虽然文件采用了这样合理的命名方式，可是文件一多，还是会出现以下的情况。

📄 人事部2020年一季度培训报表_2020-04-01_01.xlsx
📄 人事部2020年一季度培训报表_2020-04-01_02.xlsx
📄 人事部2020年一季度培训报表_2020-04-01_03.xlsx
📄 人事部2020年一季度培训报表_2020-04-01_04.xlsx
📄 人事部2020年一季度培训报表_2020-04-01_05.xlsx
📄 人事部2020年一季度培训报表_2020-04-02_01.xlsx
📄 人事部2020年一季度培训报表_2020-04-02_02.xlsx
📄 人事部2020年一季度培训报表_2020-04-02_03.xlsx
📄 人事部2020年一季度培训报表_2020-04-03_01.xlsx

你只要看到这样密密麻麻的一堆文件，就会给自己"工作量很大"的心理暗示。长此以往，就会让你感觉到头疼。

为了解决这个问题，可以将"老"的文件单独新建一个文件夹，如下图。

📁 老
📄 人事部2020年一季度培训报表_2020-04-03_02.xlsx

每天工作结束时，将"老"的文件全部放到"老"文件夹中，并将最新文件留在文件夹外，这样就完美地解决了会让你头疼的问题。

10.1.5　设置易于查看的显示方式

在实际工作中还会出现以下情况。

这是文件的"查看"方式导致的，系统将文件采用图标的方式显示，从而横向排列，非常不利于文件名的对比和检索，很容易发生错误。需要将多个文件按照以下方式显示，才能易于查看。

📄 人事部2020年一季度培训报表_2020-04-01_01.xlsx
📄 人事部2020年一季度培训报表_2020-04-01_02.xlsx
📄 人事部2020年一季度培训报表_2020-04-01_03.xlsx
📄 人事部2020年一季度培训报表_2020-04-01_04.xlsx
📄 人事部2020年一季度培训报表_2020-04-01_05.xlsx
📄 人事部2020年一季度培训报表_2020-04-02_01.xlsx
📄 人事部2020年一季度培训报表_2020-04-02_02.xlsx
📄 人事部2020年一季度培训报表_2020-04-02_03.xlsx
📄 人事部2020年一季度培训报表_2020-04-03_01.xlsx

如何操作呢？在文件夹空白处单击鼠标右键，在弹出的快捷菜单中单击"查看"，单击"详细信息"的查看方式即可。

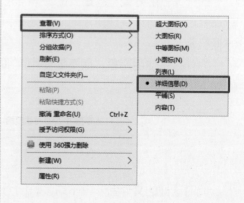

10.2 避免多张工作表让你头疼

上一节中主要解决文件夹和文件过多的头疼问题,让你在打开 Excel 文件前可以花费尽可能少的精力。本节将解决打开 Excel 文件后,"多张工作表"导致头疼的问题。

10.2.1 控制工作表的数量

Excel 可以创建数百张工作表,这对于日常办公来说绝对是够了,那么工作表数量是越多越好吗?

工作表的数量增加后,多张工作表之间的浏览是通过单击界面左下角的两个非常小的三角形来完成的,这样对于 Excel 工作表的选择是非常不友好的。而且当不能一下子看清楚这个 Excel 文件中有多少工作表时,就会给人"文件复杂"的感觉,这样的压力之下,自然很容易造成错误。换句话说,工作表越多,越容易造成混乱,越会让人头疼。

Excel 能显示多少工作表呢?这与两个要素有关,一是电脑屏幕的分辨率,二是每个工作表的名称长度。

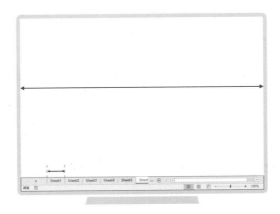

如果按照常见的屏幕分辨率,即宽 1 280 像素,文件名为 5 个中文字符,至多能完整显示 6 个工作表,可不用通过单击界面左下角的两个小三角形来进行切换。

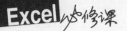
这时，为了让工作表一目了然，控制工作表的数量就成了制作 Excel 文件时的一个基础问题。比如常见的按照"月份"来对工作表进行分类，这样一年就有 12 张工作表，这样的情况完全可以将这 12 张工作表变成一张工作表，然后在汇总工作表中，添加"月份"列即可。

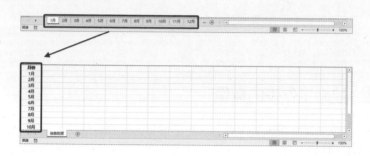

这样做还有一个好处，那就是可以减少工作表之间的关联，尽量不出现跨表查询的情况，可以在一张工作表中进行数据处理与分析，减少了出错的可能，工作量也大大降低。

10.2.2 用结构图展示所有工作表

当工作表的数量无法删减，仍然很多时，会让解读这份 Excel 文件的人花费很大的精力去全盘理解 Excel 的内容。特别是当工作表顺序混乱，未依照逻辑顺序排列时，更会让人感觉到头疼。

为了避免这样的情况，可以在 Excel 文件的最前面新建一张工作表，专门制作一张结构图，标识出这个文件中有哪些工作表，以及各张工作表之间是什么关系。

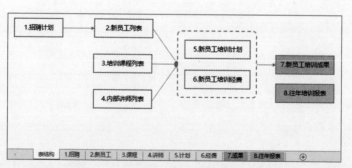

以上结构图可以让解读 Excel 文件的人快速了解所有工作表的基本信息。但并不是所有的 Excel 文件都需要制作这样的结构图，如果工作表的数量少于 4 张，即使不制作结构图，也能够快速看出逻辑。

如果工作表数量超过 5 张时，就需要制作表结构图，在制作时需要注意以下 3 点。

（1）每个文件都需要编号。这样可以让使用者通过编号与相应的工作表对应，就像上图中，想查看"新员工列表"，只需要到工作表中找"2"就可以了。如果像下图所示未编号，则寻找工作表并不方便。

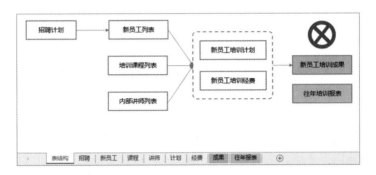

（2）每个文件名都不能换行。工作表结构存在的目的就是让各个工作表名可以一目了然。若如下图所示文件名换行，则会导致结构混乱。

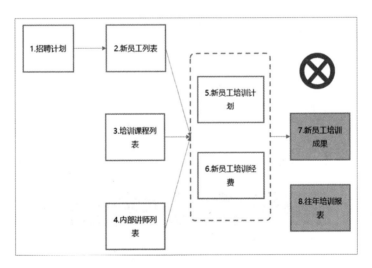

（3）单屏显示。当结构图过大，会导致无法在单个显示屏中直接查看，也就是浏览者需要通过拖动滚动条才能查看全部的信息，如下页图所示，这样不利于结构图的易读性。

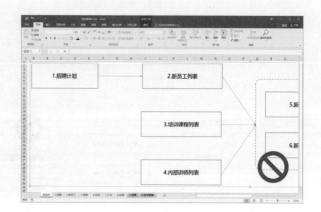

综上所述，在制作 Excel 工作表结构时，要注意以下 3 点。

（1）每个文件都需要编号。

（2）每个文件名都不能换行。

（3）单屏显示。

接下来就来制作一份 Excel 工作表的结构图，它的流程是隐藏网格线、创建结构图和突出重要工作表。

隐藏网格线的方法在 8.2.2 小节已经介绍过了，这里不再赘述。

10.2.3 使用形状快速创建结构图

如何使用形状快速制作一个结构图呢？在【插入】选项卡中单击"形状"按钮，找到"矩形"，然后绘制一个矩形。

Excel 默认的矩形样式是有边框有背景色的，这样不利于文字的突出，需要将它改成无底色的样式。

选中矩形，单击【格式】选项卡，在"形状填充"的下拉列表中单击"无填充"。

然后需要将边框变粗。打开【格式】选项卡中的"形状轮廓"的下拉列表，单击"粗细"中的"1.5 磅"。

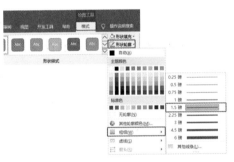

设置完成一个形状后，结构图中的所有形状都需要使用该样式，最快捷的方式就是直接复制这个形状。除了使用"Ctrl+C"和"Ctrl+V"快捷键来复制粘贴外，还可以通过 "Ctrl+ 拖曳"的方式快速复制矩形。即按住"Ctrl"键，选中矩形并拖曳。

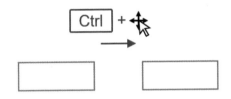

然后添加相关文字，最终完成效果如下图所示。

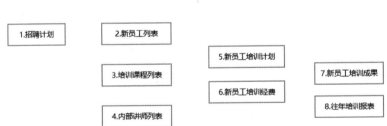

为了增加工作表结构图的可读性，会将同类别的工作表名用虚线框包裹起来。使用同样的插入形状方法，插入一个矩形，然后将这个矩形设置为"无填充"，"粗细"为"1.5 磅"。

为了可以与文件名的实线加以区分，通常会将新插入的矩形的边框设置为虚线，这样就不会造成阅读的混乱。打开"形状轮廓"的下拉列表，单击"虚线"中的"短划线"。

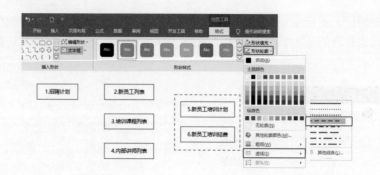

最后为工作表结构图插入箭头。在【插入】选项卡中打开"形状"的下拉列表，单击"箭头"，在各个矩形之间绘制箭头。

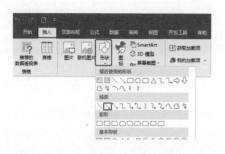

在 Excel 中绘制箭头时，各个矩形的边上会出现 4 个点，把一个矩形边上的点拖曳到另一个矩形边上的点时，箭头和矩形就产生了"连接"，在对矩形进行拖曳时，箭头会自动拖曳。

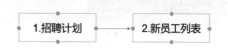

完成全部的工作表结构图的设置后，调整各个矩形的位置，以保证结构图的美观。

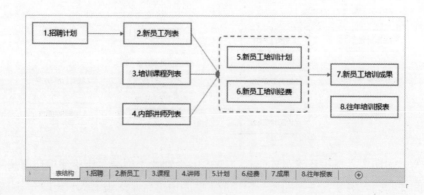

10.2.4　可视化地突出重要的工作表

完成了工作表结构图的制作后，8 个代表工作表的形状都是同样的样式，如果这 8 张工作表中有一张工作表是非常重要的，会经常被查看的话，那么需要将它与其他工作表区分开来，而区分的常见方法就是给该工作表添加背景色。

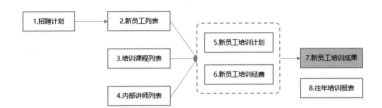

给工作表添加背景色，可以让查看
Excel 文档的人一目了然地知道该工作
表是较为重要的。如何实现呢？

单击需要设置颜色的矩形"7. 新员
工培训成果"，单击【格式】选项卡中
的"形状填充"按钮，然后设置颜色。
推荐使用颜色卡中第 4 行颜色，因为太
浅会不够突出，太深会导致文字看不清，
而且经过黑白打印后，较深的颜色会显
得很黑。

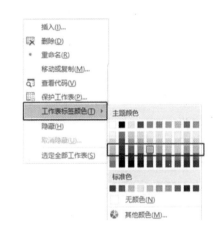

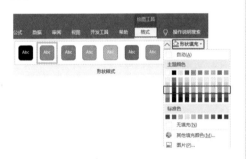

为了增加 Excel 文件的易读性，
需要将对应的工作表也设定为同样的颜
色，这样可以将工作表结构图中的矩形
和工作表对应起来。在"7. 新员工培训
成果"工作标签上单击鼠标右键，单击
"工作表标签颜色"，选择与结构表中
矩形背景色一样的颜色。

在日常工作中，使用工作表颜色除
了可以突出重要工作表外，还可以用于
区分不同类别的文件。如下图所示。

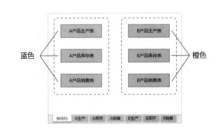

需要注意的是，工作表颜色可以用
于突出重点和区分不同类别，但是不能
同时使用，这样只会导致工作表结构图
中颜色过多，而让解读 Excel 的人感到
头疼。如下页图所示，在蓝色的"A 产品"

中使用绿色来突出销售表，这样的颜色使用会让人乍看之下，有 3 种产品，没有达到一目了然的效果。

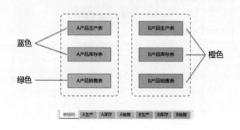

除了使用颜色来突出重点工作表外，一些用于参考，或者暂时不用的工作表需要"淡化"，淡化工作表通常会使用以下两种方法。

（1）把背景色设定为浅灰色。

（2）隐藏工作表。

我更推荐将不重要的工作表的背景色设定为浅灰色，这样可以直接地告诉解读 Excel 的人："这张工作表不重要。"比如通过上述的方法，将结构图中的第 8 个工作表的矩形的背景色设置为浅灰色，并将对应的工作表标签也设置为灰色。

而使用 Excel 的"隐藏"功能会出现一些问题。比如当把不重要的表隐藏起来后，你自己也无法看到这张表，如果不小心将这个 Excel 文件发给客户，那么很有可能客户会看到这张隐藏的工作表，若上面还有一些敏感的数据，这将是重大的工作失误。为了避免这样的错误，在设置不重要的表时，不要隐藏，而是将其背景色设置为浅灰色。

10.2.5 为工作表命名、排列的艺术

Excel 显示工作表的数量与屏幕分辨率和工作表名称的长度有关。屏幕分辨率没有办法改变，而工作表名称的文字长度却可以由我们来定义。

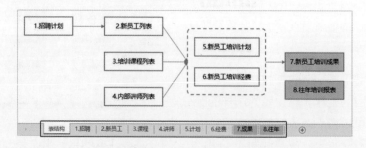

在工作表较多时，需要尽量控制每个工作表的名称长短，但是如上图所示，有 8 张工作表，如何能够更加精简呢？最佳方法就是在工作表结构图中使用工作表的全名，而工作表的实际名称使用更简略的 2~3 个字。这样解读 Excel 的人可以通过结构图了解每个工作表，还能一目了然地查看所有工作表。

这种方法有两个前提：一是工作表的数量较多；二是有工作表结构图。

工作表数量较少的情况下，不需要使用更简略的工作表名称 Excel 就能完全显示。如果简略了工作表名称，反倒会容易引起误解。

如果没有工作表结构图就直接使用更简略的 2~3 个字，那么解读 Excel 文件的人将会花费大量的精力思考这张工作表到底是什么意思，比如看到一张工作表的名称为"招聘"，他会思考，这是"招聘计划"、"招聘费用"还是"招聘项目"？

在给每个工作表命名时，还需要设置与结构图相同的序号，这样可以让解读 Excel 文件的人在不观察文字的情况下，通过序号就能与每个工作表——对应。

如何能够修改工作表的名称呢？最便捷的方法就是直接双击工作表标签，进入工作表名称的编辑状态，输入完毕按"Enter"键即可。

命名工作表后，哪种工作表的排序方式更合理呢，请对比以下两种排序方式。

A 方案将重点的"7. 成果"工作表放到了最前面。

B 方案按照正常的顺序放置工作表。

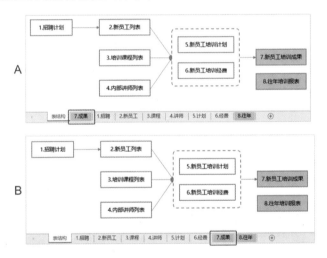

这两个方案哪种更合理呢？ A 方案将重点的"7. 成果"放在了除"表结构"外的最靠前的位置，把它当成了第 1 张工作表。这样排序确实有好处，可以快速突出"7. 成果"。不过，这样一来，汇总计算的方向就颠倒了，逻辑也发生了错乱。明明由左至右的计算，最后的成果却跑到了最前面，"7、1、2、3、4、5、6、8"这样的顺序，很容易让人感到头疼。

所以在对多张工作表排序时，就按照工作表结构图中从左至右的顺序。这样也比较容易记住工作表在整个逻辑运算中的作用，让解读 Excel 文件的人能够快速理解你的想法。

10.2.6　为结构图中的工作表创建超链接

扫码看视频

当解读 Excel 文件的人打开文件时，首先看到的是工作表结构图，如果单击结构图中的矩形就可以直接打开相应的工作表，将会非常方便。

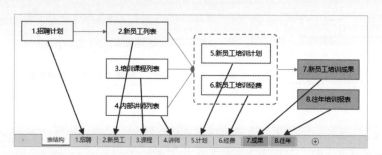

如何单击矩形就可以直接打开相应的工作表呢？添加超链接。在矩形"1.招聘计划"上单击鼠标右键，在弹出的快捷菜单中单击"链接"。

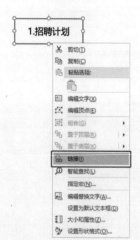

用同样的方法对所有的 8 个矩形都设置超链接，指向相应的工作表。这样就可以快速地打开自己所要查看的内容了。

对于超链接来说，有以下 3 点注意事项。

（1）工作表名变动。超链接是根据工作表的名称进行指向的，如果工作表的名称发生改变，就会跳出以下对话框，提示超链接引用无效。此时需要重新设置超链接。

在弹出的对话框中，首先单击"本文当中的位置"，然后单击"1.招聘"，最终单击"确定"按钮。

（2）最后设置。设置超链接是在结构图完全做完以后进行的，因为每次修改文字、拖曳位置、设置"形状填充"和"形状轮廓"都需要单击矩形，而单击时，有超链接的"矩形"就会直接跳转，非常不方便。

（3）用"Ctrl"键选择。当完成结构图的所有超链接的设置时，还是有可能会出现改动的情况，而单击形状时就会发生跳转。这时可以通过按住"Ctrl"键进行矩形的选择，这样就不会跳转，从而可以进行文字的修改和样式的改变等操作。

附录

常用快捷键

1. 复制图形：Ctrl+拖曳

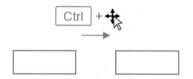

2. 插入行与列：Ctrl+ +

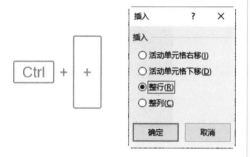

3. 设置单元格格式：Ctrl+1

4. 插入当前时间：Ctrl+;

5. 全选表格：Ctrl+A

6. 选择整行：Ctrl+Shift+→

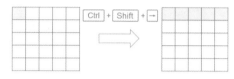

7. 选择整列：Ctrl+Shift+↓

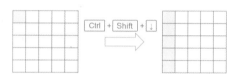

8. 单元格内换行：Alt+Enter

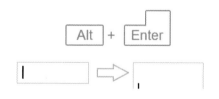

9. 定位到下一个项目：Ctrl+↓

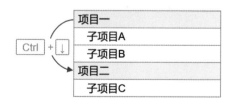

10. 批量修改：Ctrl+ Enter

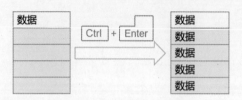

11. 切换为文本格式：'

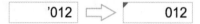

12. 打印设置：Ctrl+P

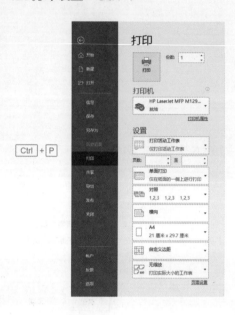